吴罗

李海龙　吴眉眉　著

江苏凤凰教育出版社

目录

235 珠翠罗绮

续写吴罗今朝传奇

序一

让丝织文化的传承更普及

在苏州得天独厚、代代相传的丝绸织造技艺的文化氛围中，像李先生这样从事丝绸生产与加工的人并不少有，但在从事生产工作的同时，还能不断进修完善专业知识，不断前进的人却实为鲜见。

我则是在一次次与纺织文物复原、复制的相关过程之中，对李海龙先生逐步了解的。

每个人一辈子都在走自己的路，我所能看到的，是兴味与执着的人生历程；每个人一辈子也都有自己的难处，但呈现的只会是可以看到的结果。

就当代需求而言，类似于《吴罗》这样能够尽到普及中国传统丝织技艺、文化的书籍尚不够多。就纺织文化的研究而言（并不仅限于纺织文化的研究），最合适的方法就是，寻找自己感兴趣的话题或方向入手，在进行研究的过程中搜集一定数量的研究素材以做比证，最后去除许多想当然的判断，从而在研究中获得进一步地深入与提升。

对于李海龙先生而言，我很高兴他是纺织技艺文化研究的一员；对于读者来说，李先生所使用的图文并茂的方式，及对所提供的织物工艺技术的解读，将极大地辅助大家接近和了解中国的丝织文化及像景艺术；而之于我，则以为只有越来越多的人再次拥有对中国传统丝织文化的兴趣，才能各自寻找到兴趣点，并逐步建立起属于每一个人的丝织文化判断体系。

若每一个中国人都能对丝织技术与艺术侃侃而谈，属于中国的丝织文化复兴才会有坚实的基础。在这里，我并不会为《吴罗》作宣传，我只希望大家能够看到李先生在几十年兢兢业业的搜集与整理工作中呈现的热情与成果，那么中国丝织文化何愁没有盛大的前景？

是为序。

社科院考古研究所特聘研究员　王亚蓉

二〇二二年二月于北京

序二

共同创造纺织非遗事业新辉煌

摆在读者面前的是一本由江苏省级吴罗织造技艺代表性传承人、吴罗织造第四代传人李海龙先生主笔的力作。他几十年如一日长期钻研吴罗技艺传承，经历了技艺传承、流程传承和理论传承的守正创新之非凡历程，并撰写了本书。李海龙先生是2020年度中国纺织非遗推广大使，我作为从事该行业工作的读者拜读了这本书稿，为他在吴罗技艺传承与发展实践探索中呈现的深刻情怀、责任担当和使命追求所感动，十分荣幸为他的力作写下这篇小序，作为本人粗浅的读书感悟。

在华夏民族文明进步的历史长河中去解开吴罗非遗身世之谜，这种唯物史观的导入感，使读者深切领悟到“历史从哪里开始，思维进程就从哪里开始”哲学方法论的基本原理。以此为逻辑起点，李海龙先生用考古和实证方式去探寻吴罗非遗的文化源头、滋生土壤、交流相鉴、发展脉络，为世人展示出一幅幅出自手艺人“天罗地网”的人文历史画卷和精湛的吴罗佳品。吴罗非遗织物组织结构古老且品类丰彩夺目，在我国古代就有“先见罗衣后见人”之说，加上沿用具有大自然禀赋的植物染料，与独特的印染技艺相辅相成、浑然一体，使飘逸灵动的吴罗呈现出“包罗万象”的神奇风采和绚丽缤纷、五彩斑斓的视觉效果，无愧为传统丝织物中的上品。李海龙先生对吴罗织物结构、品种和色彩的研究评价，令人从中领略到这门古老技艺的多彩多姿和生态价值。

一位伟大的哲人曾经说过，反映生产力发展水平的主要标志是生产工具，生产力变化和发展首先是从生产工具的变化和发展开始的。古代的吴罗织造一直采用纯木机全手工、脚踏手拉式传统方式，效率低、成本高，质量品种有缺陷，与现代纺织电气化、自动化、智能化生产完全分属“两个世界”，这种生产工具和生产方式的“代际落差”，使包括吴罗在内的非遗传统技艺传承难以避免濒临失传的生存危机。在此困境面前，李海龙先生坚信非遗传承必须创新，否则传承缺乏生命活力，从生产工具入手，义无反顾大胆尝试传统织罗木机的高新技术改造，经过二十多年的努力，上千次小试、中试，终于实现了机电一体化、自动化装备“罗织天下”替代传统手工织罗的梦想。织罗的生产工具发生了颠覆性变化以及现代设计手段融入，在不改变吴罗传统技艺的基因和机理“胎记”的条件下，生产的效率明显提高了，质量提升了，品种丰富了，新的产品功能和应用领域增加了，可以满足大众小众都喜爱的审美需求，呈现“珠翠罗琦”的消费格局，吴罗的生产组织形态也由家庭作坊转变为产业化与市场化互动、非遗时尚与科技创新融合发展的现代化企业。

李海龙先生在书中记录和总结的吴罗传承发展成功经验，核心在于把守正创新真正落实到非遗传承的系统性探索和实践当中。他在纺织非遗专业领域中表现出的坚守、捍卫、进取、务实、克难的态度和精神，非常值得行业同仁的尊重和学习，尽管当下和未来还会有许多不确定性需要面对和克服。榜样的力量是无穷的，让我们坚信，只要方向正确、敢于担当、努力践行、功夫到位，纺织非遗事业将大有可为。希望更多有责任心、有使命感，有热情、有理性的人和机构参与其中，共同创造纺织非遗事业新的辉煌。

中国纺织工业联合会副会长　孙淮滨

二〇二二年三月

自序

浅谈纺织非遗工作的传承与发展——出版《吴罗》的缘起

吴罗织造技艺的传承，在守正创新中发展

我在非遗传承工作岗位上，已经默默耕耘三十多年了。纵观古今，任何技艺的传承和发展，总是在创新的动力中得以实现，否则就会倒退，或者停止不前。人类的起源也是如此，现代的高新技术和优越的物质文明生活，都离不开祖先们的原始技艺传承和后来者的科技创新，两者缺一不可，物质的和非物质的文化遗产传承也不例外。非遗文化的传承必须走守正创新之路，这是一条较为有效的解决非遗传承难、坚守难的发展之路。守正创新的含意，我个人理解为，老祖宗传下来的手艺，我们在基因不变，胎记不变，机理不变，风格不变，品质不变的基础上创造新技术、新动能，实行创新传承，使产品更好更优，更适应现代人健康生活、绿色环保的理念和需求，绝不能为了名利搞忽悠，甚至昧着良心做伤天害理的假非遗和所谓的传承。我们只有在守住真谛的基础上实施技术创新，让消费者真正得到实惠，他们满意了，社会认可了，才能持续发展，最终实现理想的非遗产业传承，这是我们非遗传承人的使命担当和前进目标。

吴罗非遗传承的背景

我今年 71 岁，在几十年的创新中，吴罗织造技艺产品得到了较为理想的传承。我现在是江苏省非物质文化遗产吴罗织造技艺（纱罗织造技艺）代表性传承人，江苏省高级工艺美术师，江苏省乡土人才“三带”名人，“2020年度中国纺织非遗推广大使”，吴罗织造的第四代传人，传到我儿子李君是第五代。我师傅郁石民传给我的只是罗织物中比较简单的绞经织造技艺（二经绞纱技术），而且是纯木机全手工、脚踏手拉式的传统织罗方法，纯属古代原始的古老织造方法，完全区别于现代先进纺织的概念，无法适应当今飞速

发展的高新纺织技术。传统木机一至二人一天最多只能织几十厘米面料，而现代先进的新型高速织机，一人一天能操作六台无梭高速剑杆织机，生产的面料可达上千米，两者差距之大，简直就像“说天书”，令人不可思议，但现实就是如此。

我的小作坊起先一直难以维持生计而得不到进一步发展，传承工作困难重重，举步维艰，手艺濒临失传。于是我四处奔波，拜访国内丝绸行业的老前辈，请教大专院校的专家教授，寻问民间织造的老艺人，足迹遍布大江南北。甚至远赴日、韩等国进行考察，而结果让我深感遗憾，在国内外竟然找不到一台完整的现代化罗织机设备（机电一体化罗织机），基本上都是以传统的木机为主，国外也有用提花龙头替代人工挽花的木织机，但是很少。此时此刻我暗下决心，在做好常规丝绸生产的同时，抽出大部分时间和主要精力，投入到研究和借鉴现代有梭织机如何改造成罗织机的工作中去，默默地反复试验、创新，一干就是二十多年。我从1994年开始就四处打听，了解和收集绞经器材，如我国传统的线综（软综）、半综、线综与钢综相结合的绞综，日本、韩国的软综器材，还有无梭织机上用的钢片绞边综、塑钢片组合式绞边综，再根据金属片绞边综的原理自行设计圆形综丝绞综等多种绞经器材。反反复复进行了上千次的试织和装造改机试制，对机械、器材和绞经的组织结构，也同时进行了无数次的反复试验。从初试、中试到成功，从星星点点能绞织到完整绸面能织罗，从稀疏的罗孔面料到高密度的罗孔织造，从素罗机织物到花罗机织物，从白坯罗织物的炼白坯到熟丝彩色罗、妆花罗的产生，从开始罗织面料的滑移纰裂、排丝钩丝到结构稳定、抗纰裂、不钩丝、耐磨耐拉、可水洗好打理，可以说集实用耐穿、美观优雅于一体的吴罗佳品。

回首往事，在经历了不为人知的砥砺琢磨，终于实现了多种功能的罗织机设备的创新改造和数十种罗组织结构的创新研发，终于突破了阻碍绞经织物的瓶颈，攻克了纯手工全木机的织罗难关，实现了传统织罗方式无法用机电一体化、自动化织罗的梦想，彻底改变了原始单独掌机和上下俩人合作纯手工操作织罗的方式。从此解放了劳动力，大大降低了生产成本，提高了生产效率、产品产量和产品质量。还实现了多规格，多品种，宽门幅，厚薄适宜，色彩丰富，适应当今时尚生活的非遗吴罗新品。现代的纱罗品质远远超过古代几十倍，而价格仅仅略高于普通丝绸，与锦类织物不相上下。可喜的是，打破了家庭作坊式织罗模式，我走上了一条产业化、规模化、市场化的非遗文化与科技创新同步发展之路，还造就了一批新型的纱罗织造企业。

科技创新是推动非遗传承的动力

传承不可没有创新，创新不能脱离本源。经过三十多年的实践，我深深体会到传承与创新是辩证的，没有守正的传承不能列入传承行列，传承应该是指其基因和原种功能的延续，否则就是转基因物品。同样如此，如果没有创新的动能，良好的基因和品种、品质就得不到更好地提升和发展，不能适应时代生活的需求，也就难以传承，便会被历史淘汰，技艺和物种就会失传，甚至销声匿迹。我们的纺织绞经织造技艺（罗织物品种），就属于在濒临失传的情况下，通过保护、挖掘、传承、创新等得以延续传承发展的非遗。总之，只有坚持走守正创新的传承之路，非遗文化的传承才会迎来阳光明媚的春天。

吴罗，曾经是王公贵族专享的珍品，古代丝之极品、奢侈品，在面临失传的低谷中得以重生，就是走了这条守正创新的正道。在当今民富国强的新时代，吴罗非遗再次步入人们视野，走进了大众的品质生活，不断被时下流行的汉服圈、旗袍群、中西常服爱好者不断追捧抢购，在传统的古装戏剧等文化圈内也不断被采纳使用，在众多博物馆的藏品修缮、复制中常常出现罗的倩影，更被吴罗喜爱者作为个性化的高级定制。由此，我国经典的罗衣罗裳服饰又一次声名鹊起，随着中国风、民族潮的崛起而形成产业，产品走向国内外市场，走向辉煌！

为何要出版《吴罗》一书？

出版《吴罗》，是我在非遗传承中根据其特点创新的一种方式。目前，我传授吴罗技艺的方法有三种：首先是以手把手带徒弟传授操作技术和品种设计的技艺传承；其次是制作罗织物设备、器材和装造制作的流程传承；最后就是通过出版《吴罗》对实践进行总结的理论传承。因为我在实验践行中尝尽酸甜苦辣，翻遍中国的纺织史料、书籍，很难找到古人的织罗技艺和绞经织造的器材、设备和方式方法，即便能看到一点考古出土罗织物的残片图纹和结构图案，也大多是现代人的主观推断和专家的个人观点，并不是千百年前留传下来的第一手文史记载，未见技艺流程图、文字叙述内容，故而织造技艺的源头无从考证。

我在几十年的研究探索中吃遍千辛万苦，耗尽毕生的精力和财力，值得欣慰的是，最终完成了历史赋予非遗传承人的阶段性使命。正因为一路跌跌撞撞地走来，为了后人不必再重蹈我的覆辙，数年前我就决定写下此书以供后人参考，或在此基础上再作创新和完善。我边干边写作，十来年先后写了三个版本，前两个都觉得不满意，直至这第三稿的重新撰写，才得以正式出版。为了更好、更广泛地传承吴罗织造技艺，不让这门有着数千年历史的传统技艺遭受失传之痛，所以我不惜代价出版这本小书，以提供和留下一些肤浅的非遗传承资料，这是我应尽的责任和义务。

引言

千丝万缕，织出人间美好生活

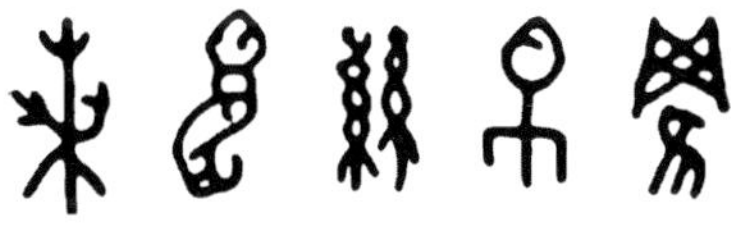

桑　蚕　丝　帛　罗

纵观历史，吴罗的主要发展脉络，可以用几句话来概括和总结："吴罗，丝帛之冠，堪称国粹，乃纺织文化之滥觞。椎轮于新石器时代，于先秦开花结果；盛于汉唐，并传扬四海；宋元精品迭出，由宫廷走向民间；明清美出天际，又日趋衰落；今朝拾起丝路遗珠，续写传奇故事。"

中国纺织文化源远流长，三万年前，就有山顶洞人用树皮进行原始无纺织布制衣的故事。远在万年之前，吴地先民就在太湖地区劳动、生息，开辟了广袤的耕地，创造了光辉灿烂的历史文化，为人类文明作出了巨大贡献。商周时期，远古的刻划陶文、象形文已有较为完整的文字体系，产生了后来震惊世界的甲骨文，有了"桑蚕丝帛罗"（）甲骨文字样。秦汉时期，我国的丝织技艺已经有了比较完善的生产体系，产品也开始向国外输出，古罗马即有了对"丝国"和"中国丝绸"的记载。及至汉唐，我国丝绸已经进入鼎盛期，并出现举世闻名的丝绸之路，从而成为世界各国仰望的璀璨明珠，东方丝国名扬天下。丝绸在西方人眼里视其为"上天之物"，东方人称之"软黄金"，其中"罗"就是一个不可或缺的珍稀品种。

然而，时至今日罗为何物，知者甚少。追溯到石器时期，它是一种渔猎用的工具，捕鱼为网""，狩猎为罗""；上半部分是一个筐，下半部分为一只鸟，古人称之为"罟"。从这种"网罟"和装垫用的筐席开始，发明了渔猎用的葛藤编织工具，据《周易》记载，伏羲"从结绳而为网罟，以佃以渔"。唐代杜甫《泛溪》有"童戏左右岸，罟弋毕提携"诗句，仇兆鳌注说"罟以取鱼，弋以取鸟"，罟弋为捕鱼捉鸟的工具。这就说明，编织在原始无纺织布、葛藤编织基础上已产生了质的飞跃，从而开启了人类纺织的先河。

其实，上述这些还不是真正意义上的纺织，从考古发掘的原始记录来看，纺织应该产生于新石器时代比较确切。庆幸的是，几千年来地下文物得到较好的保护，考古发掘出来的罗织物等，更是为后世留下了不可估量的文化财富和考证断代的重要依据。1972 年我国考古队在江苏省吴县(今苏州市)草鞋山遗址发掘出十个地层，各有不同年代的遗迹遗物。特别是在最底层发现的纺织品和稻谷等实物，其中就有三块罗纹碳化葛织物残片，距今已有 6000 多年的历史。从各地古遗址及大墓出土的文物实证来看，这是迄今为止我国考古史上发现的年代最久远的纺织物，也揭开了中国纺织和纱罗历史文化的序幕。遗址一经发掘，立刻引起中外考古专家的关注，专家团队随即又对太湖流域的吴地文化进行了追溯，对远古太湖平原演变成太湖湖泊的渊源和周边古遗址遗迹，展开深入的探索性挖掘。在江、浙、沪、皖的吴地文化区域，不断发现诸多史前文化遗址，并大量出土马家浜文化、崧泽文化、良渚文化等各个时期的许多黑陶器、纺轮、骨针等纺织器具以及葛麻原料等实物和印记。还发现了几百件早于甲骨文之前的刻划文、象形文字陶罐等。这是我国汉字形成之前的重要线索之一，也佐证了“吴罗织造技艺”是吴地文化的产物，属于太湖流域、长江中下游地区具有代表性的一种绞经罗纹织物结构，同时也不排除太湖地区是人类纺织品结构的重要发源地之一。种种迹象表明，“吴罗”的起源无不与太湖地区万年人类古迹的存在有着千丝万缕的联系。

太湖流域留存下来的诸多历史文化遗存，记录着辉煌悠久的江南丝绸文化以及如今受非物质文化遗产保护的吴罗织造技艺。作为丝绸文化的重要组成部分，吴罗曾经在太湖流域的苏州兴起，经过数千年的传承、发展和创新，积累了诸多织造技艺和类别品种，而今又在苏州得到很好的延续，似乎从未真正断代或消失过，且愈发丰厚扎实，这不能不说是个奇迹。其实奇迹的发生并非偶然，罗的织造技艺能在太湖地区延续至今，我以为有诸多因素造就。

首先，太湖平原很早便有人类居住，历史上很少发生特大的自然灾害，从未听说有毁灭性、崩溃性、绝迹性的天灾人祸事件。地理环境得天独厚，四季分明，雨量充沛，土地肥沃，尤其是太湖形成并趋于相对稳定之后，湖光山色交相辉映，生态环境更加宜人。种桑养蚕、缫丝织绸的繁盛之地，百姓安居乐业的福地，使众多的吴罗织造技艺在漫长的历史长河中得到较好的保留和长足的发展。

其次，周太王长子泰伯为礼让王位，携弟仲雍历尽千辛万苦往江南而来，最终扎根太湖流域，建立勾吴国，先进的中原文化与本土文化碰撞出绚烂的文明火种，相互融合形成丰富的吴地文化。自阖闾建城之后，更是树立和造就了“吴罗”这一奢侈品牌。大运河自春秋时期肇始，经过历代的不断完善、提升和疏通，我国南北贸易往来、文化交流等日益频繁。再加上几条“丝绸之路”的先后形成，大大推动和促进了吴罗织造技艺的进步、织机的

明 · 佚名《宫蚕图卷》局部

清 · 汤禄名《课桑图卷》

改进、新品的开发和产量的提高。南宋范成大《吴郡志》称:“谚曰:天上天堂,地下苏杭。”“又曰:苏湖熟,天下足。”至迟宋代,苏杭富庶实甲于天下。

最后,京杭运河的全线贯通,一下子拉近了北京与苏、杭的距离,万里挑一的手工匠人、精工细作的贡品,从苏、杭织造府源源不断地送入皇宫,“苏工”备受青睐。一时间,苏州的衣食住行等,尤其是服饰,引领全国时尚,以至宫中也纷纷仿效。“吴罗”作为“苏工”之一,无形中也经受住了皇家最严苛的挑剔和最严格的检验,不仅技艺高超、精品迭出,而且在不断完善和提高中一次次自我突破,日趋完美,积累了诸多织造技艺和品类品种,又万变不离其宗,一脉相承,有着生生不息的顽强生命力。苏州还避免了不少大大小小的战火,政治、经济、社会等各方面都比较稳定,长期处于太平盛世,从而给吴地罗的生产营造了良好的生存和发展空间。

中国是一个文明古国。中华民族是一个伟大的、充满智慧的、最具创造力的民族,开启了种桑养蚕、抽丝织绸的先河,为人类命运共同体做出了不可磨灭的贡献。而勤劳的苏州人民历经数千年的奋斗,终于将自己赖以生存的这一片土地,由一个水患肆虐的“蛮荒之地”,改造成为一方“人间天堂”“鱼米之乡”“丝绸之府”“温柔富贵之地”“绿水青山就是金山银山”等人人向往的锦绣江南。于我而言,生逢太平盛世,方有可能三十年如一日,专心探索吴罗织造技艺和研发织造设备,将失传的罗织物品种一样一样生产出来。当然,也得益于我国各地大墓出土的罗纹织物给予的启发和帮助,这些都是缺一不可的。

天罗地网

浅谈吴罗的历史渊源与发展历程

【壹】

“罗”为何物?

“罗”为何物?简单地说,它是古代先民用以捕捉鱼、鸟的工具。

在旧石器时代中晚期,古代传说中的中华民族人文始祖伏羲,发明创造了文字,结束了“结绳记事”。他又结绳为网,用来捕鸟狩猎,并教民渔猎方法,所以也称他为庖牺。到了新石器时代,据传神农教民种植葛麻谷物,开启了农业、畜牧业和手工业的生产。出土的大量陶器上留有织物的印记,说明先民们已掌握编织方法,从依靠大自然的赐予,转向利用自身的智慧和劳动,创造相对安稳的生活。随着时间的推移,先民们在劳动中慢慢获得经验,从日常编织网罟、箩筐等受到启发,编织技术日趋成熟,可用的原料日益丰富。编织物的结构也由简单到复杂,由平纹、斜纹、回纹到罗纹,由素织物到提花织物,由易变形、不牢固到结构稳定、结实耐用,逐渐步入手工织造,这恐怕就是“吴罗”结构的前身。

进入殷商周时期,产生了甲骨文,其中“罗”属会意字,上部是“网”字,像捕鱼及捕鸟兽的网;下部“隹”字,是鸟的意思。两部分合在一起,表示用网捕鸟。像极了顶部挂在高处的锥形网,故有“天罗地网”之说,又有“张网捕捉”之义。这让我联想到小时候用箩筐捉鸟的情景,一群小伙伴将自家编织的箩筐倒扣在地面,用一根树枝撑在筐的里侧,树枝上系一根绳子拖到远处,地上撒点鸟爱吃的食,待鸟儿进入筐下,拉动绳子便可活捉小鸟。这种捉鸟方法我们俗称“仙人跳”,较之甲骨文中的“罗”字,似乎有异曲同工之妙。这与捕兽、捕鱼的“网”字不同,加上后来出现了桑蚕丝,为明确字义,又另加意符“糸”,写作“羅”。经过不断调整,直到新中国成立后简化汉字时,正式把“羅”简化为“罗”。中华文化博大精深,小小的一个“罗”字,竟然蕴含着如此丰富的文化内涵。

聪慧的古人正是在渔猎活动中,最初“以丝罟鸟也”(出自《说文解字》),

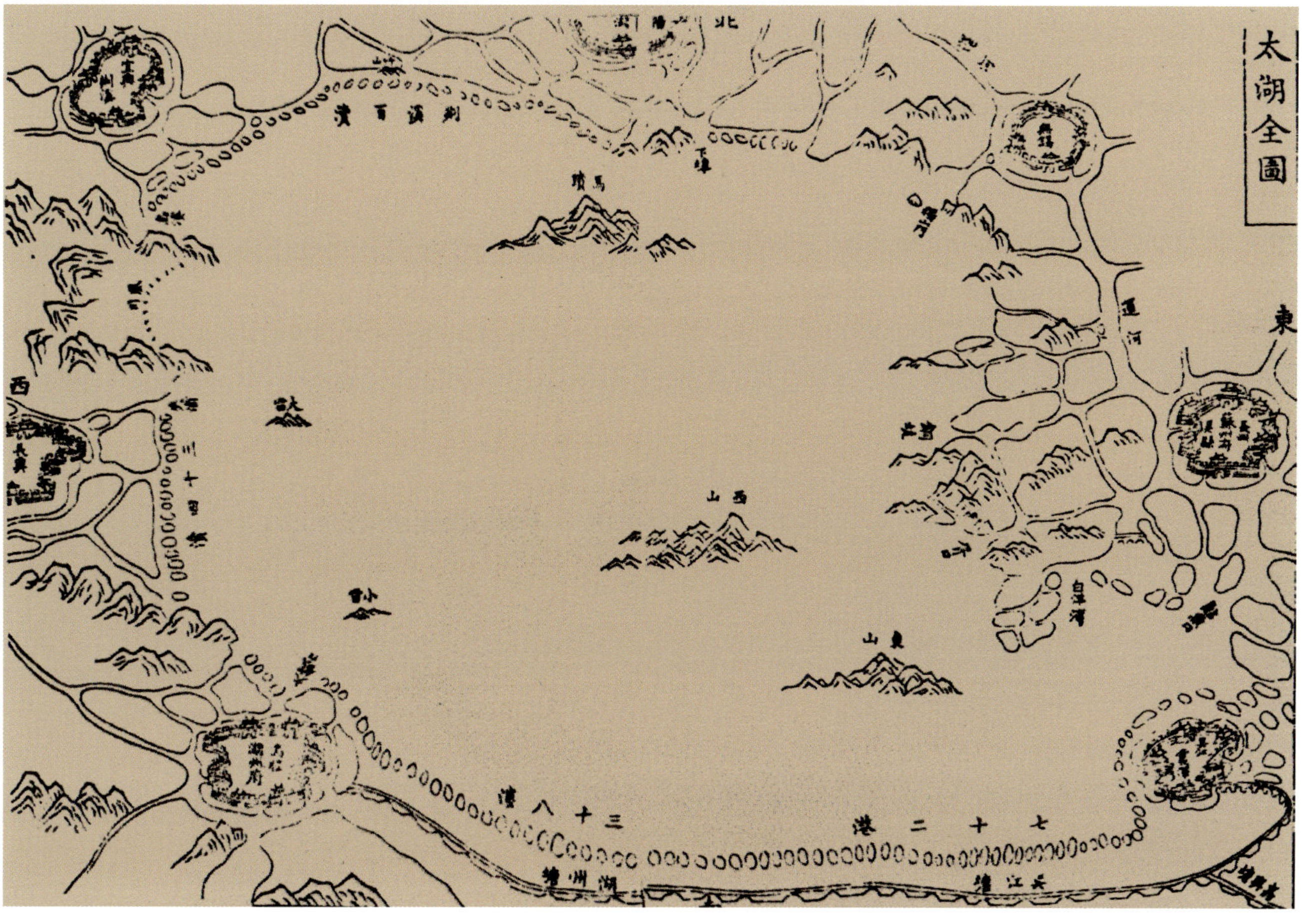

太湖全图

为了避免入网的猎物挣脱，使网更加牢固结实不变形；同时又能减小在快速捕捉时水和空气产生的阻力，有效防止鱼儿随水流逃离，迅速将猎物抓住。或许在织网时不经意间将绳与绳之间多绞了几下，从而意外掌握了“罗”的绞经编织法。后来将织网的方法巧妙运用于织“布”之中，令“布”更加耐穿，故而将这样的“布”称为“罗”。“罗”也因此代指一种纺织方法，或用此类方法编织出的经纬组织呈椒眼纹的织物。如此这般，简单粗糙的“罗”，逐步发展成为组织结构丰富多样、质地轻薄柔软的“吴罗”丝织物家族。

【贰】

“罗”到“吴罗”的演变

“吴罗”这个名称是因何而来呢？我以为，先有植物纤维编织的罗纹织物，后有蚕丝织造的吴罗。罗纹织物的产生，必须具备几个基本条件：一是能制作简单的纺织工具，二是具备编织罗纹织物的原料，三是文明与文化都达到了一定的高度。而这些条件都在苏州三山岛和草鞋山遗址的发掘中一一找到答案。

一万多年前的旧石器时代，吴地先民就在太湖地区繁衍生息。1985年春天，在吴县（今苏州市）三山岛西北端清风岭下溶洞前36平方米的湖滩上，发掘出了土石制品约5253件，首次揭开一万年以前先民在此活动的可靠依据，可以说三山文化是苏州迄今为止已知的最早文化源头，也充分说明太湖地区是中华文明的重要起源地之一。从石器工具组合的整体判断，先民们应该以渔猎为主，采集为辅。在渔猎经济中，似乎又以捕捞为主，狩猎为辅。（参见陈淳、张祖方等《三山文化——江苏吴县三山岛旧石器时代晚期遗址发掘报告》，载《南京博物院集刊》总第九期，并见陈淳《太湖地区远古文化探源》，载《上海大学学报》1987年第三期）如此看来，三山岛早有人类居住且当时此地人类能用土石制作生活所需的简单工具。

在桑蚕还没有出现之前，植物纤维是编织罗纹织物的主要原料，常见的有纻麻、大麻、葛藤和苘麻等。我国是最早进行制织丝绸（包括罗）的国家，传说黄帝的元妃嫘祖，后被奉为先蚕娘娘（即蚕神，太湖流域有多座蚕神庙），率领民众种桑、养蚕、缫丝等，堪称人类文明史上的一个重大发明创造。据考古发掘的实物证明，时间基本吻合。20世纪50年代末，在浙江吴兴（湖州）钱山漾遗址出土一批四千七百多年前的丝织品实物，全都以家蚕丝为原料织成。之后，在浙江余姚河姆渡遗址出土的一批纺织用具和相关实物中，有一件象牙器物上清晰地刻着蚕纹，蚕体上的环纹与家蚕数目相等，并

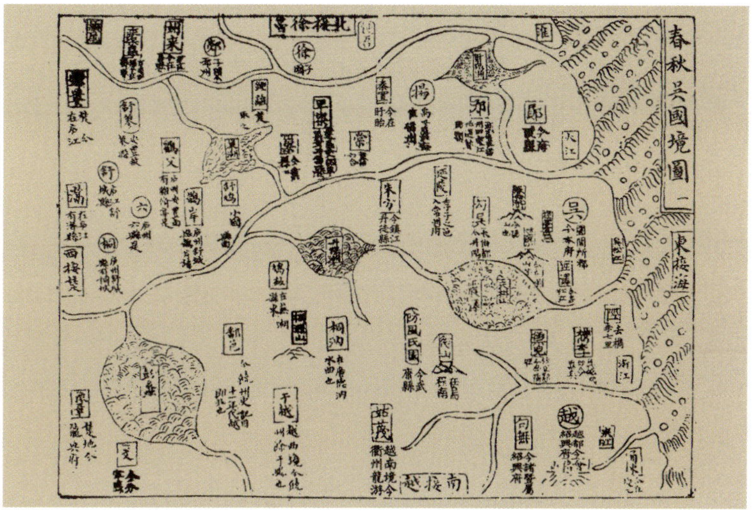

春秋吴国境图

且在蚕纹周围分布着织纹。由此可见，家蚕饲养和丝绸织造开始的时间又往前推了约两千年。有学者甚至认为，大概在新石器时代晚期，我们的祖先就已经能够织造平纹和绞经组织的纱、罗、绢等织物了。

诚然，当文明与文化都达到一定高度时，便水到渠成产生了“吴罗”。那么“吴罗”究竟是什么？对此众说纷纭，人们通常将春秋战国时期吴国生产的绞经丝织物，称为吴罗，我比较认同此种说法。

商末，泰伯携弟仲雍避居江南，建立勾吴国，使得周代丝绸等手工技术在江南传授和生产，到春秋时期苏州成为吴国的都城，丝织品已有罗、锦、缟、缯等种类，还留下“织里”的地名。吴王僚执政时，晋国的国君晋平公派老臣叔向出使吴国，吴人举行了盛大的欢迎仪式：“吴人拭舟以逆之，左五百人，右五百人，有绣衣而豹裘者，有锦衣而狐裘者。”（汉代刘向《说苑》）锦衣绣服的场面，是多么盛大壮观，好一幅醉人的江南水乡、吴地锦绣画卷。由此可见，当时的手工织造技术已不容小觑。另据《史记》记载，周敬王二年、吴王僚九年（公元前 518 年），吴、楚两国交界处养蚕女发生争桑纠纷，闹到双方村人大打出手，于是发生了历史上有名的“争桑之战”。楚平王以此作借口，出动水师到吴国边境骚扰，当他班师回朝，却不知姬光悄悄跟在后面。进入楚境后，吴军先后扫荡了钟离和居巢（今安徽寿县东南），这一次楚国吃了大亏。为“争桑”而引起械斗，可见当时蚕桑之利对经济发展至关重要，可谓得桑叶者得丝绸。据竺可桢先生《中国近五千年来气候变迁的初步研究》记载，历史上的四次温暖期，春秋战国时期出现的是第二个。可想而知，轻薄透气的罗无疑是酷暑中的一抹清凉，如此看来，为争桑而战，完全可以理解了。

当时吴地罗的织造技艺和结构品类等情况，可参考从湖北省江陵马山楚墓（属于战国中晚期）出土的各式绞织透孔罗、透罗禅衣等稀罕之物。各类保存完好、织造精美、种类繁多的丝织品，可谓集先秦织物之大成，无论对近代考古发现史、先秦服饰史，乃至世界文化史，都是一份极其重要的贡献和全新的填补内容。值得一提的是，出土的罗衣已不单单局限于实用，还带有极强的装饰意味和极高的审美情趣。比如龙凤虎纹绣罗单衣，半透明的罗地与华美的刺绣相得益彰，实物上呈现鸾凤飞舞、龙腾虎跃的生动形象，浑似青铜铸成、金银打造的镂空浮雕一般，格外引人注目。其最终完美效果的呈现，也非罗地不行。显然，人们已经完全掌握饲蚕、缫丝、炼染、织造等手工技术。

迄今为止，未见罗织物中哪个单独品种叫作吴罗的，或许当初吴国织造的罗格外出色，故而以“吴”命名“罗”；又或者人们为区分产地尊称吴国织造的罗为“吴罗”，不管怎样，后来也就约定俗成了。

【叁】

草鞋山遗址，解开吴罗身世之谜

太湖地区新石器时代文化发展序列依次为：距今约七千至六千年的马家浜文化、距今约六千至五千三百年的崧泽文化、距今约五千三百至四千年的良渚文化等。就苏州地区发现的遗址而言，草鞋山、张陵山、赵陵山、龙南、梅堰等，是典型的新石器文化各个时期的遗存。其中草鞋山遗址，跨越了太湖流域新石器时代文化发展的所有序列，从马家浜文化开始到吴地早期国家繁荣阶段，几乎涵盖了太湖流域、长江下游先秦历史的全部编年。

草鞋山遗址位于吴县（今苏州市）阳澄湖南岸的唯亭镇陵南村，因遗址中心土墩草鞋山而得名。在1956年文物普查中首次发现；1972年9月和1973年4月，考古工作者对遗址进行保护性发掘，发现原始人类的居住遗迹、墓葬和大量遗物；2013年成为第七批全国重点文物保护单位。遗址总面积约为44000平方米，文化层堆积厚约11米，分为10层，分属于不同的文化时期，第八至十层为马家浜文化层，第五至七层为崧泽文化层，第二至四层为良渚文化层，直至进入春秋时代的吴国文化层。据考古发掘的史料记录来看，在最底层除发现稻谷、纺织品、陶制纺轮、骨制梭形器、木制绞纱棒等外，特别重要的是其中三块已经碳化了的纺织物残片，不同于普通的平纹粗麻布。经鉴定，纺织品的纤维原料可能是野生葛麻，织物为纬线起花的罗纹编织品，花纹为山形和菱形的斜纹。这一重大发现，证明早在6000年之前，这里的先民就开始研究并掌握“罗”的专业技术。随着对草鞋山遗址的深入发掘，在最底层似乎找到了吴罗的起源地、出生地。

陈建明主编、王树金著《马王堆汉墓服饰研究》中说：“在江苏省吴县唯亭草鞋山原始社会遗址发掘出土的编结纬起花纹罗，是我国目前发现的最早的纹罗织物。其外观与机织纹罗十分相近，经向纤维呈平行排列，纬向两根组成一绞组，地纹以二经一绞，花纹除了粗细经构成三条罗纹档外，还在

草鞋山遗址

地部以纬向绕圈状构成嵌地菱形线条图案，花纹素洁大方。编结罗纹系古代手艺高超的编织品。”

草鞋山遗址是被中国考古界认为文化价值仅次于西安兵马俑的考古发现，被称为“江南史前文化标尺”，并入围“百年百大考古发现”初评的160项考古发现。毫无疑问是一座珍贵的历史宝库，其独特的考古学意义在于，它是江南地区迄今为止发现的文化发展序列保存最完整的遗址，由此可以确立太湖平原古文化发展序列。草鞋山文化遗址出土的六千多年前的罗纹葛布碳化残片等；湖州吴兴钱山漾文化遗址出土的四千七百年前以家蚕捻合的长丝为经纬交织而成的平纹织物等；苏州吴江梅堰文化遗址出土的四千年前的数件扁平圆形纺轮、两条蚕形纹饰的陶器等，足以说明先民早在六千年前就会手艺高超的罗纹编结；早在五千年前后就完成了从认识野蚕、利用野蚕茧丝到驯养家蚕，并掌握缫丝织绸技术的过程；早在四千年前就有了桑蚕、丝绸织造等的生产。

那么吴罗究竟起源何地呢？综上所述，以及我多年来对罗织物非专业的研究和推论，吴罗起源于太湖地理风貌尚未形成或即将形成的太湖地区，或许就是苏州。它兴盛于江南并领先于全国，既是一种绞经编织方法、织造技艺，又是蚕丝罗纹织物结构品类的总称，具有鲜明的区域性、代表性，其兴盛与传播，与太湖的形成与演变有着直接的联系。

太湖，古人称之为震泽、具区等。太湖完全形成的时间大概在良渚文化前后，是如何形成的至今尚无定论。旧时相关传说故事很多，到了20世纪，科学家们先后提出探索太湖成因的淤积说、潟湖说、积水说、下陷说等不同观点，孰是孰非，有待专家学者进一步研究确定。我个人认为，太湖尚未形成或形成初期，气候变化无常，自然灾害频频发生，生活在这一带的人们为了生存，不得已四处逃难，同时将吴地罗纹编织技术传播到了四方。随着太湖逐渐趋于稳定，后辈们陆续叶落归根，将兼收并蓄的罗纹织造工艺重又带回起源地，故而我国各地的丝罗织物乃同宗同源，难分彼此。当然，我并非专家，如此大胆妄言，主要依据草鞋山遗址出土的三块炭化的罗纹编织物残片，因为这是目前为止我国出土罗织物中年代最久远的，揭开了吴罗的神秘面纱，解开了吴罗的身世之谜，揭晓了吴罗的起源之说。

【肆】

吴王夫人为“吴罗”代言

“吴”，作为地理概念是指现今我国长江下游南岸一带地域的总称，封建时代常被用作爵位、国号的名称，曹丕根据历史传统册封孙权为吴王。孙吴三国时期的手工业在春秋战国的基础上又有较大发展，左思《吴都赋》有“蕉葛升越，弱于罗纨”之句，又说“岁贡八蚕之丝”，可见吴地百姓养蚕缫丝已相当普遍。吴宫设立专门的织络作坊，其中的丝织女工最多时达千余人。这些女工，大多由罪人妻女充当，如句章（今浙江宁波）潘氏姐妹，早年因其父亲犯法，被送至宫中织坊做工。后来妹妹被孙权看中，遂纳其为夫人。

相传吴王有位夫人赵氏，人称“精妙三绝”，即机绝、针绝、丝绝。因为天气炎热而漫长，于是她“织为罗，累月而成。裁为幔，内外视之，飘飘如烟气轻动，而房内自凉”（出自东晋王嘉《拾遗记》卷八）。如此心灵手巧的夫人，令孙权喜出望外。由此可见，吴罗的珍贵之处在于“累月而成”，它的特殊功能在于“裁为幔”“房内自凉”。蕙质兰心的吴王夫人可谓吴地罗纹织造技艺的传承人、传播者，理所当然成为“吴罗”的最重量级形象代言人。由此，罗在吴地广为流传，人们纷纷仿效，用罗织物来制作更为复杂的刺绣丝棉袍、夹袍、内衣、香囊、手套、帷幔等日常衣物和生活用品，从而进一步推动罗在吴地的广泛应用和快速发展。

据记载，早在秦代苏州就有人东渡黄海，到日本传授养蚕、织绸和缝制“吴服”的技术，经过海上通道进行丝绸贸易的吴丝、吴绫、吴罗等不断壮大。丝绸技术开始了长达千余年的向外传播，主要有生织和熟织、素织和色织等，品种有平纹生织的缯、斜纹组织的绫、缎地色彩的锦、变化组织的绮、绞经组织的罗等，出现了前所未有的繁荣。为此丝绸也成了江南文化乃至华夏文明对外传播的主要载体，吴地罗的生产也借此得以延续和发展。太湖流域因蚕桑丝绸的发展此时已形成自己的特色，成为锦绣之地、丝绸之乡指

仿汉代缠枝莲纹三经绞罗服饰

日可待，更为两千年之后吴罗织造技艺的恢复和生产，提供了大量可靠的实物依据，当然此乃后话。

与此同时，汉武帝派张骞出使西域开辟以首都长安（今西安）为起点，经甘肃、新疆到中亚、西亚，并连接地中海各国的陆上交通，中国的蚕丝和丝绸产品，通过丝路源源不断地向国外输出。除陆上丝绸之路，又有海上丝绸之路、南方丝绸之路和草原丝绸之路等。这些不同时期形成的丝路，不仅极大地促进了中国丝绸织造行业和丝绸科技文化的发展，并且对国际经济、文化、科技的交流等，都产生了极为深远的影响。丝绸包括罗在内，也由此成为全世界瞩目的无价之宝。

西汉桓宽在《盐铁论》卷六《散不足篇》中，对汉代和汉代以前罗织物的使用情况作了概括对比描述："古者，庶人耄老而后衣丝，其余则麻枲而已，故命曰布衣。及其后，则丝里枲表，直领无祎，袍合不缘。夫罗纨文绣者，人君后妃之服也。茧紬缣练者，婚姻之嘉饰也。是以文缯薄织，不粥于市。今富者缛绣罗纨，中者素绨冰锦。常民而被后妃之服，亵人而居婚姻之饰。"又说："今富者黼绣帷幄，涂屏错跗。中者锦绨高张，采画丹漆。"显而易见，罗的应用是有规定的。特别是汉明帝根据《周礼》《尚书》《礼记》等，正式形成和确定我国古代完整的冠服制度。

东汉王逸有一首《机妇赋》，花楼织机的出现给当时的社会生活带来了前所未有的文明和进步。《孔雀东南飞》中有"红罗复斗帐，四角垂香囊""左手持刀尺，右手执绫罗。朝成绣夹裙，晚成单罗衫"等。据此可见，当时罗的织造已相当普遍，罗帐、罗衣等已融入达官贵人阶层的日常生活之中。这一时期，罗的织造技艺达到有史以来的最高难度，甚至在拥有现代高新科技的今天也难以生产出来。比如当时流行的菱纹罗，十分雅致，在长沙马王堆汉墓中就出土了许多，大部分为长5厘米的复合菱形花纹，纹罗的纹路、地组织原理完全相同，只是在组织变化上做文章，使得织物的表面呈现出不同的菱形排列效果。特别是四经绞耳杯菱纹罗，令世人十分震撼，虽然不能确定这些是吴地生产的罗，但是作为起源地，罗的织造技艺不敢说一直领先全国，

仿秦汉时期如意云纹三经绞罗吉服

仿汉代菱纹罗香云纱服饰

苏州仿长沙马王堆汉墓出土的四经(链式)耳杯菱纹罗

想来最起码不至于落后太多。除此之外,还有许多用工艺复杂的罗织物制成的汉服,如罗地信期绣丝绵袍、朱红菱纹罗曲裾式丝绵袍、夹缬花罗裙、罗地龙凤虎纹绣等。

【伍】

春船载绮罗

隋唐时期，丝绸生产技术在大量吸收中亚、西亚地区艺术元素的基础上，形成了新的风貌，并且在南方得到快速发展。官府手工业的规模比过去扩大，印染花罗织物的主要生产地，集中在江苏地区的苏州、扬州、镇江、淮安，浙江地区的绍兴、杭州，山东地区的益都、临沂、淄博，安徽地区的淮南、宣城、亳州，广东地区的广州、琼山等。江、浙一带丝绸织造技艺在全国名列前茅，且质量日见精巧，吴地织女已掌握较高的手艺，更是出现了以布帛代租、以丝绸征税的现象，从而大大地刺激民间丝绸的生产，特别是带动农村家庭丝绸副业生产的发展。唐代杜甫《昔游》诗有“吴门转粟帛，泛海陵蓬莱”之咏。

据史书记载，唐代贞元之后，江南道丝绸贡品花色最多，数量最大，其中不乏吴地生产的罗织物新品。苏州属江南东道，蚕桑纺织业之发达，有“蜀桑万亩，吴蚕万机”之说。到唐宝历初年，苏州的丝织机户达到了上万户，脚踏缫丝车和束综提花织机等丝绸织造新技术，得到普及。同时，出现了专营丝绸的丝行，通过黄泗浦港（今张家港）还在不断进行绸缎的出口。丝绸贸易往来的繁盛仅次于长安，苏州成了朝廷征收丝绸的主要地区之一。

南方湿热，轻罗薄纱最是适宜，唐代诗人对此多有描述，杜荀鹤《送人游吴》有“夜市卖菱藕，春船载绮罗”；储嗣宗《吴宫》有“细草迷宫巷，闲花误绮罗”。白居易更是一咏再咏，意犹未尽，《长洲曲新词》有“茂苑绮罗佳丽地，女湖桃李艳阳时”、《夜游西虎丘寺八韵》有“香花助罗绮，钟梵避笙歌”、《杨柳枝二十韵》有“身轻委回雪，罗薄透凝脂”等，这是唐代苏州的街市景象，身穿罗衣的苏州女子，俨然成了小桥、流水、人家中一道灵动出彩的风景。

这一时期吴地生产的罗又有了进步和发展，可从新疆吐鲁番高昌、青海

唐 · 周昉《簪花仕女图》(选自《中国历代仕女画集》)

都兰、甘肃敦煌、陕西扶风法门寺等地大量出土的罗织物中窥探一二。其中要数法门寺地宫中出土的最为惊艳,也最具影响力,丝织品和服装实物约七百余件,其中还有武则天的一条绣裙。未成衣的绫、罗、纱、绢、绮、纨、绨、缣、锦等更是数不胜数,有织造、印花、刺绣、手绘、染缬等工艺,几乎涵盖了唐代当时丝织印染的全部方法和种类,均代表了晚唐时期染织业最高水平。其中一件"大红罗地蹙金绣半臂",以红色罗为底衬,以捻金线为绣线,绣制折枝花。为了使花纹更生动、更富立体感,除花纹枝叶采用钉金外,花朵部分采用了蹙金绣的方法绣制。蹙金绣,是指在金线下加垫棉花等方式,使花纹凸起,显现出真实的立体效果。

唐代高级丝绸的精美华丽在文献中多有记载,同时也名扬海外,甚至在遥远的欧洲贵族社会阶层也掀起了中国丝绸热,夫人们将身着中国丝绸作为时尚的象征。罗织物的纹样在视觉效果、艺术造诣等方面,都有所提高和突破,在日本奈良正仓院大量收藏的我国唐代罗织物中可见一斑。周昉(传)的《簪花仕女图》,再现了当时贵族妇女的形象,画中有一位贵妇穿着极具代表性,只见她红瓣花枝斜插发髻,透明罗衫半罩半露,纱衫上隐约可见菱形纹样;胸下的夹缬长裙曳地,紫绿色的团花平均分布在鲜明的朱红地子之上,经由纱衫掩盖的部分,颜色相应变浅,朦朦胧胧、若隐若现之下,令人浮想联翩;紫色的帔帛上,彩绘的云凤纹样,往后垂缀,显得慵懒娇媚,丰腴富态,飘逸华贵,精美绝伦。细腻柔嫩的肌肤和丝罗织物的纹饰,完美诠释了人物的尊贵身份。

与此同时,夹缬印染工艺流向海外,日本本土生产

唐 · 张萱《捣练图》（选自《中国历代仕女画集》）

仿《簪花仕女图》局部（缂丝）

唐 · 佚名《宫乐图》（台北故宫博物院藏）

仿《宫乐图》（缂丝）

的罗织物，也大量使用我国的染缬工艺。在唐代佚名《宫乐图》中，可看出有的人物所穿长裙是缬染的团花；张萱《捣练图》中，有六出团花形，也有缬染的大叶形和小花形，从中可一窥唐代流行的织染图案。尤其是两图中的女子几乎人人披帛，即便从事劳作的妇女，披帛也是少不了的，可见披帛在当时十分时尚。披帛旧称奉圣巾、续寿巾，一般使用轻薄的纱罗制成。生活中的普遍使用大概始于隋代，盛于唐代而下至五代、宋初，只是长短宽窄有所变化而已。

1957 年早春，苏州虎丘塔的抢修工作开始了。在虎丘塔陆续发现的百余件丝织品文物中，有 5 件绣品特别引人注目，一件“供养人题名”卷外包裹的刺绣经帙，只残存一个“捨”字。另外四件残破的经帙绣品，收录在 1985 年 12 月出版的《中国美术全集 · 工艺美术编 6 · 印染织绣(上)》(本卷黄能馥主编，郭祥摄影)，由原苏州博物馆陈玉寅副馆长加以文字介绍，比如编号为一六三的注释中关于织物名称说：“栗色绢地绣宝相花纹经帙[五代]，残长 60 厘米，宽 56 厘米。”包括其他三种绣品，都注释为绢地。然而，另据苏州刺绣史家孙佩兰先生在《中国刺绣史》中说，虎丘塔二层窖穴内发现的绣品为五件，除上述四件外，“还有一块是在深紫色底上用金黄色绣菱花”，并且认为这几件绣品“均以罗为地”。

明 · 钱谷《虎丘前山图轴》

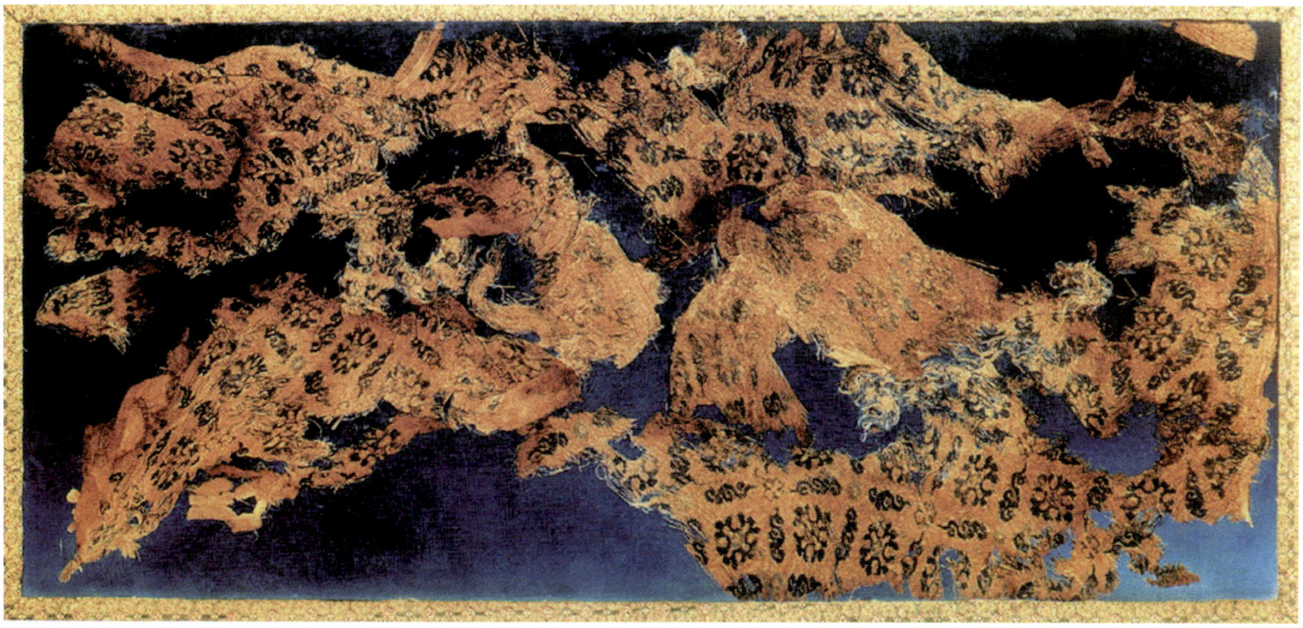

虎丘塔发现的刺绣经袱（苏州市园林档案馆提供）

#【陆】

百花洲上寻芳去

宋元时期，随着皇室南渡和全国经济中心南移，南方的文化、经济在历史上出现了空前发展。太湖流域特别是苏州的丝绸业(包括吴罗)恰逢难得的历史机遇，进入一个崭新的繁荣时期，顺理成章成为全国丝绸织造技术和生产的重心。同时也得益于太湖流域良好的地理条件，相对稳定的经济发展背景，博大精深的文化风尚，丝绸吸引了众多文人墨客。士大夫崇尚以罗、纱、练、縠等素雅轻薄的面料制成大袖宽衫和日常服饰，以此彰显独立的思想和个性。除此外丝绸还大量运用于如宗教礼仪，装饰与绘画，以及书画的装帧等。凡此种种，着实带动了吴罗织造技术的精益求精，吴地出现了织金罗、色织罗等华丽的新品种。据南宋吴自牧《梦粱录》记载，有花罗、素罗、熟罗、线罗、孔雀罗、瓜子罗、菊花罗、满园春罗、宝相花罗等，每年进贡的丝绸品种中，罗就有 2124 疋，其中九成产自江、浙地区。

苏州历来就是织罗的重镇，从春秋战国时期得名吴罗，至迟宋元时期已经名闻天下。南宋吴曾在《能改斋漫录》卷十五中说："少卿章岵尝官于蜀，持吴罗、湖绫至官，与川帛同染红。"又一次明确了"吴罗"这个概念，我们完全可以理直气壮地把吴地生产的罗称为吴罗。"罗，有花素两种结罗，染丝织者各熟线罗，尤贵"(南宋潜说友《咸淳临安志》卷八)。吴罗的种类日益繁多，质量也得到全面提升。在南宋《平江图》上，有罗、珍珠、巾子、绣锦、金银等专业坊巷，织造技艺的高度、销售的广度和传播的力度等，决定了吴罗在江南文化中的历史地位，也理所当然地成为丝织品中的佼佼者。

作为我国经久不衰的经典，宋词中也常常以"罗"抒发对家乡的思念和热爱之情，比如南宋范成大《秦楼月》一咏再咏，有"香罗薄。带围宽尽无人觉""罗帏暗淡灯花结""玉米烟重香罗浥"等句，还有《绿萼梅》"朝罢东皇放玉鸾，霜罗薄袖绿裙单"。再如范仲淹在《定风波·自前二府镇穰下

仿宋代青地翟鸟纹宋锦

营百花洲亲制》中发出“罗绮满城春欲暮。百花洲上寻芳去”之感叹。另外，早期流传于民间的吴歌，如宋人《京本通俗小说》卷十六《冯玉梅团圆》引了一首：“月子弯弯照几州，几家欢乐几家愁，几家夫妇同罗帐，几家飘零在他州？”此歌出自宋建炎年间，讲述民间离乱之苦。在苏州人心中，吴罗已不单单是一种可以穿在身上的织物，更是深埋心中那丝丝缕缕抹不去的乡愁。

太湖流域出土的宋代罗织物不仅量多且品种丰富，为前朝所未见。如江苏金坛茅麓周瑀墓出土的丝织物，极具代表性。墓主为男性，太学生身份。出土的衣物面料均为桑蚕丝织物，品种有罗、纱、绢、绮、绫等，其中缠枝牡丹花罗合领夹衫，是南宋时期流行的男子便服款式。令人惊叹的是，深埋地下七百余年，织物的手感、弹性和光泽等，是过去出土丝织品中少有，可见当时各方面技艺的精湛，吴罗织物的质量之好。另据南宋吴自牧《梦粱录》卷二十记载：“更言士宦，亦送销金大袖，黄罗销金裙，缎红长裙，或红素罗大袖缎亦得。”妇女的裙子多以纱罗缝制再施以刺绣，或鼋画，或销金，或晕裙。值得一说的是，宋人重戴，头部饰品不论是王公贵胄所用的帷帽，抑或是妇女外出时佩戴的盖头等，都有罗的元素。纱罗不单沿用唐人流行的黑色，还喜欢戴鲜艳的红、黄，有时还在头上簪以用绢罗金银等材料制成的花朵。由此可证，吴罗已广泛应用于民间服饰中，且花样日新月异。

至元代，朝廷在苏州城平桥南专门设立织造局，遣官督理，聚集具有高超技艺的丝绸工匠，为皇室生产高档的丝绸。当时较为盛行的主要是织金类织物，有“扁金”“圆金”之分，其中就有吴罗的织金罗，与皇家贵族的尊贵权势相得益彰。意大利旅行家马可波罗在游记里写道：“臣属大汗，恃工商为活。产丝甚饶，以织金锦及其他织物。”苏州城“漂亮得惊人，方圆有三十二公里。居民生产大量的生丝制成的绸缎，不仅供给自己消费，使人人都穿上绸缎，而且还行销其他市场。他们之中有些人已成为富商大贾。这里人口众多，稠密得令人吃惊”（出自《马可·波罗游记》）。元代杨维桢《织妇曲》也咏道：“盈盈白面娥，新丝织扇罗。当机不应客，掷地碎金梭。”民间女子不分贫富，都身着丝绸衣裳，以至于“都市民女，罗绮如云”。

曾在苏州自称吴王的张士诚，在其母曹氏亡故后，将其葬于苏州盘门外。20世纪60年代，考古工作者在曹氏墓葬中出土了大量的丝织品，有罗、锦、缎、绫、绢等衣物被褥，纹饰图案精美至极，有凤戏牡丹、喜鹊栖枝、梅兰竹菊等，尽显江南文化特色。

仿宋代王居正《纺车图》(缂丝)

【柒】

吴罗五文采

明代伊始，朱元璋为了安定民心、巩固政权，采取一系列恢复生产的措施，大大促进了农业和手工业的繁荣。丝绸织造业形成新的格局，有蚕桑之地者均具备织造产业。罗的生产也遍布四川、山东、江苏、安徽、浙江、广东等地，吴罗则愈加蓬勃发展。

丝织生产中官营丝织业仍占主导地位，为了满足皇室、百官和赏赐的需求，中央和地方设立了许多官营织染机构。比如，明初洪武年间，苏州织染局设在天心桥东（今北局），朝廷并派内府司礼监太监专驻苏州，司苏杭织造，苏州便有了一条著名的“太监弄”。苏州等织造，后来还承担起龙袍的织造重任，当然其中不乏以吴罗为面料的，织造技艺之高超，质量之讲究，堪称有史以来之最。据明代宋应星《天工开物》记载：“凡上供龙袍，我朝局在苏、杭。其花楼高一丈五尺，能手两人扳提花本，织来数寸即换龙形。各房斗合，不出一手。赭黄亦先染丝，工器原无殊异，但人工慎重与资本皆数十倍，以效忠敬之谊。”又说：“凡罗，中空小路以透风凉，其消息全在软综之中。衮头两扇打综，一软一硬。凡五梭三梭（最厚者七梭）之后，踏起软综，自然纠转诸经，空路不粘。若平过不空路而仍稀者曰纱，消息亦在两扇衮头之上。直至织花绫绸，则去此两扇，而用桄综八扇。凡左右手各用一梭交互织者，曰绉纱。凡单经曰罗地，双经曰绢地，五经曰绫地。凡花分实地与绫地，绫地者光，实地者暗。先染丝而后织者曰缎。（北土屯绢，亦先染丝。）就丝绸机上织时，两梭轻，一梭重，空出稀路者，名曰秋罗，此法亦起近代。凡吴、越秋罗，闽、广怀素，皆利缙绅当暑服，屯绢则为外官、卑官逊别锦绣用也。”

苏州不仅拥有织造局，民间丝织业也有很大发展。据明代杨循吉《吴邑志》卷十四记载，绫、锦、纻、丝、纱、罗、紬、绢等“皆出郡城机房，产兼两邑而东城为盛，比屋皆工织作，转贸四方，吴之大资也”。苏州东北半城，万户

仿孔府旧藏白罗花鸟裙

机声，处处可闻，已然成为丝绸生产的专区。作坊也由原本单一的生产模式，出现了雇佣和被雇佣。织机分为提花机和素机，据说只有男性织工可坐提花机，织出各式精美图案的丝绸，供宫廷官吏享用；女性织工只能上素机织绸，供平民百姓穿着。

明清时期，盛泽、震泽等苏州古城周边乡镇，已是重要的绫罗绸缎出产地，逐渐成为江南丝织产销巨镇而迅速出名。居民都以蚕桑丝绸为业，男女勤谨，络纬机杼之声通宵彻夜，富商大贾携万金纷至沓来，乡镇犹如都市般热闹。

据明代张瀚《松窗梦话》记载："余尝总览市利，大都东南之利，莫大于罗绮绢纻，而三吴为最。即余先世，亦以机杼起，而今三吴之以机杼致富者尤众。"其中的"罗"，要数妆花罗最为奇绝。"吴罗五文采，蜀锦双鸳鸯"，这句赞美吴罗的经典句子出自明代张时彻的《采葛篇》，在我看来，就是妆花罗的真实写照。妆花织造技术在明代以前就已经出现，但是作为纹样大量运用，则属于明代丝绸纺织工艺上的重大突破和成就。图案内容有象征皇权的龙凤纹、以神话传说为主题的纹样、象征吉祥的文字图案等。正因如此，组织结构复杂的妆花罗，被精心加工成绚丽辉煌的服饰，如涵盖了不同文化寓意和等级制度的织金孔雀羽龙袍等官服礼服，成为举世瞩目的传世珍品。从严嵩家抄出的大批丝织物中，运用妆花技术的织物品种就有妆花纱、妆花罗、妆花缎、妆花绢、妆花锦等，可见"妆花"的奇绝和珍贵。当然，以吴罗中的妆花罗或以罗为地施以彩绣或印花等工艺的丝织物，仍是皇家贵族首选的华丽服饰面料。

充满想象力的文人墨客对于如梦似烟的吴罗更是喜爱有加，赞美不绝。作为生活于元、明两代的江南人胡奎，对此最有发言权，他的《暮春病起》诗就有"绿窗剪刀金两股，剪吴罗，对花舞。对花舞，为花歌，百年欢乐能几何"之句。明代文徵明咏水仙有"香泻金杯朝露重，尘生罗袜晚波轻"诗句，在文人心目中，水仙与洛神早已难分彼此，"尘生罗袜"了。唐伯虎《桑图》也有"桑出罗兮柘出绫，绫罗妆束出娉婷"之咏。有人甚至将吴罗上升到自然万物的审美评判标准加以比拟，冯梦龙《挂枝儿》说："五月端午是我生辰到，身穿着一领绿罗袄，小脚儿裹得尖尖翘，解开香罗带，剥得赤条条。"唐顺之《游盘山赋》也说："是时秋暮，崖间树色绚烂，如鸡冠，如翠羽，如蒸栗，吴罗越绵不足为丽也。"

但是到了崇祯年间，政局动荡，经济萧条，王公氏族也不得不在衣着服饰上紧缩。崇祯皇帝甚至颁布诏令，命王子着百姓装束以避难。士庶百姓衣着服饰的限令则更多，颜色上不许着黄色，面料上禁止使用罗、绮、绫等。种种政治、经济因素，也许就是吴罗中一些结构复杂的珍稀品种失去消费对象而逐渐衰退的主要原因。

仿明代葱绿妆花纱蟒裙

仿明代妆花织金蓝缎裙

【捌】

春绢秋罗软胜绵

清代官营织造业形成“江南三织造”的格局，即苏州织造局、江宁织造局和杭州织造局，负责供应宫廷和官府所需。顺治二年（1645），政府宣布废除明代的匠籍制度，官营丝绸织造体系的原料，以采买为主；第二年又在苏州设织造局。局分南北，南局名总织局，在葑门内带城桥东（局址在今苏

苏州织造署模型

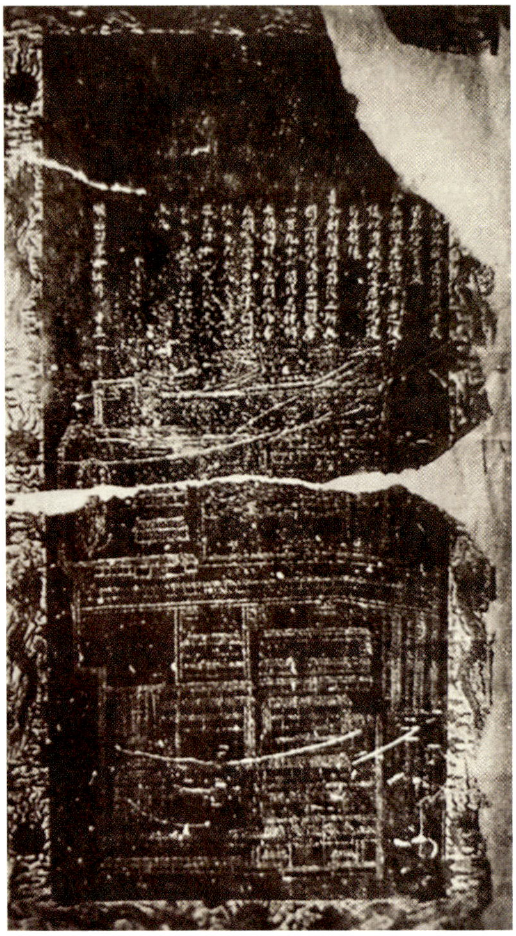

清代苏州织造署碑，现藏于苏州碑刻博物馆（选自《苏州百年丝绸纹样》）

原丝业公所门景，现祥符寺巷（选自《苏州百年丝绸纹样》）

州市十中校址及孔付使巷内）；北局名织染局，仍以明织染局旧址加以改建。官府织造的产品分为上用和官用两种，织造各式龙袍、蟒袍、补子、缎匹、宫绸等。此外还常有各种临差，如皇帝大婚、皇太后万寿贡、端午贡等。织造署官机如果应接不暇，还会将缎纱工料下发民间，由民间机户承造。

自康熙起，天下安定，朝廷采用鼓励措施，使得蚕桑丝绸生产发展较快。康熙三十八年（1699），圣祖玄烨南巡，沿路看到桑林披野时感慨地说："天下丝缕之供皆在东南，而蚕桑之盛，惟此一区。"鼎盛时期，苏州大大小小的织造坊遍布城乡各处，专其业者不啻万家，吴罗的织造更加精进，因生产纱罗而得的地名，就有新罗巷、孙织纱巷等。据清《苏州府志》记载："郡城之东，皆习机业。织文曰缎，方空曰纱。工匠各有专能，匠有常主，计日受值。有他故，则唤无主之匠代之，曰唤我。无主者，黎明立桥以待。缎工立花桥；纺工立广化寺桥；以车纺丝者曰车匠，立濂溪桥。"自由劳动力市场的形成，催生出更多的民间手工作坊，规模也日趋扩大。专业性分工和地区性分工更加明显，涌现出一批丝绸专业城镇，产品的种类愈加繁多，内销市场格外繁荣。此外受西风东渐影响，丝绸在艺术风格上兼收并蓄，纹样在构图布局、造型设计等方面越发显得精致秀丽。由此苏州传统丝绸手工业进入全盛阶段，在乾隆至嘉庆时期达到了高峰。民间有"东南财富，姑苏最重；东南水利，姑苏最要；东南人士，姑苏最盛"之说。阊门一带有专营纱罗的店铺，"人居稠密，五方杂处"，是当时苏州最为兴盛之地。尽管如此，罗织物的品种却越来越少了。

另外，苏州郡西的村镇，不仅以种桑养蚕著称，也生产丝罗。清代金友理《太湖备考》之“风俗”说，太湖周边“以蚕桑为务，地多植桑。凡女未及笄，即习育蚕。三四月谓之蚕月，家家闭户，不相往来。”并且指出：“罗，出东山。有花、素二种。”沿太湖一带历来是重要的蚕桑之地，苏州的光福、胥口、东山等，户户植桑养蚕，家家缫丝织绸，机织声不断在湖光山色间回荡，所产丝绸被丝行、绸庄、官府等收购。故而乡间多有身怀绝技的艺人，其中也不乏掌握吴罗织造技艺的能工巧匠。

罗，以轻软著称，朱彝尊有“春绢秋罗软胜绵”之咏。绞经织物独特的编织法，令丝缕纤细，疏密有致，轻薄透气，爽滑飘逸。炎炎夏日，“荷气吹凉到枕边，薄纱如雾亦如烟”，良辰美景，“轻著罗衣”“轻解罗衫”，浪漫而富有诗意。如此美妙的体验，自然备受皇家青睐，特别是夏季，如若用妆花罗制作威仪的龙袍，里面衬以薄透的罗衫，再以纱罗制作夏朝冠，还有罗袜罗鞋，那么浑身上下是何等的舒适，龙颜岂止大悦？一直以来，似乎也唯有“罗”最解诗人词家的风情，被誉为清代第一女词人的顾太清，是贝勒奕绘的侧福晋，满洲镶蓝族人。早年流寓苏州，以吴人自居，携友游历吴地山水，产生无穷灵感，从而托物感怀。从词中可知，罗帏、罗衣等罗织物是她生活中不可或缺的，如《碧芙蓉·雨后由三官庙同云林、纫兰过尺五庄看荷花作》有“雪冰藕、凉生罗袂，泛清樽、风吹酒醒”；《虞美人·雨中答湘佩》有“苔痕草色映罗襟，时有竹梢相触似鸣琴”；《传言玉女雪夜不寐》有“云母屏风，护罗帏寒峭”等。

于苏州而言，清咸丰十年（1860）无疑是一个历史性的转折点。在“庚申之难”中，苏州人死伤无数，原来阊门外的商业中心化为灰烬，苏州的有钱人纷纷逃往上海的租界避难，上海因此繁荣起来。“从 1860 年代开始，上海迅速走向繁荣，并取代苏州和杭州，成为江南新的中心城市和长江三角洲地区社会经济发展的龙头。这种取代，是现代城市对传统城市的取代。因此，苏州、杭州的衰落和上海的崛起又代表了一个时代的结束和另一个时代的开始。”（出自《太平天国史迹真相》）吴地曾经是向朝廷进贡贡品的主要地区，朝朝有新艺，代代有极品，随着封建王朝的灭亡，权贵阶层的消失以及朝廷织造局的解体，吴罗中的部分结构复杂、织造难度大的品种，自春秋战国时期产生至此逐渐消失，结构较为简单的品种也只是苟延残喘而已。

仿江南织造臣七十四（云锦）

清·徐扬《姑苏繁华图·阊门段》（局部）“纱罗”店铺

清代官服罗衣　李海龙收藏

清代团龙纹罗衣　李海龙收藏

清末芝麻纹花罗裙　李海龙收藏

【玖】

拾起丝路遗珠

吴地生产的罗，一度在苏州城乡遍地开花，但随之而来的西方先进机电纺织设备的冲击，使得人工操作的老木机被日产万匹的高效产能所替代，高难度的绞经罗织物因无法使用先进织机织造，高成本、低效率，逐渐失去了继续生存的市场空间，生产也随之按下暂停键。凡此种种，雪上加霜，吴罗几乎遭受毁灭性打击，在百年岁月中苦苦挣扎，渐渐淡出人们的视野。

新中国成立后，中央政府提倡“自力更生，奋发图强”，重点振兴民族工业和科技革命，加快实现四个现代化，优秀传统手工业得以复苏。20 世纪 50 年代末、60 年代初，国有大集体丝绸企业的出现，开启了传统丝织产品的研发和再生产，种桑养蚕业也如雨后春笋，欣欣向荣。全国的丝绸产业，一时成了国民经济的重要组成部分，在江苏、浙江、四川、山东等地更是成了创收增益的支柱产业和出口创汇的主要经济来源。借此契机，苏州丝绸也迎来了复兴的大好时机，濒临灭绝的大部分丝绸品种包括吴罗也得到重视，从苏州振亚丝织厂在丝绸罗面料的研发上，可见一斑。尽管当时未见“吴罗”这个名字，但终究是一脉传承。

民国梅竹纹暗花罗衣　李海龙收藏

民国花罗罗衣　李海龙收藏

民国芝麻纹团花马褂　李海龙收藏

精美振亚纱（选自《苏州百年丝绸纹样》）

精美华丽纱（选自《苏州百年丝绸纹样》）

真丝蝉翼纱（选自《苏州百年丝绸纹样》）

精美的双闪振亚纱，织物为平纹地，二经绞纱罗作部分暗花，由经缎纹和纬绒及泥点相配合的提花纱，是振亚丝织厂生产的纱罗类新品种，故而以厂名命名。公司同时还生产精美振亚纱、精美华丽纱、真丝蝉翼纱等品种。

20 世纪 50 年代，苏州丝绸主要销往苏联、东欧和东南亚等地区，即往社会主义国家销售，给吴罗开拓了新的发展平台和空间。如铸光锦、星斗葛，为横罗凸纹。

20 世纪 60 年代，随着出口政策的调整，苏州丝绸等产品主要销往香港、澳门以及亚洲、非洲地区，开发的纱罗品种也开始丰富起来，有二经绞纱组织起花的薄似纱；地部为罗纹组织，并辅以平纹暗花的冰浪绸；以平纹为地，绞纱组织为花的夏夜纱；花部为纬浮和二经绞纱组织的繁星纱；地部为绞纱组织的碧玉纱等。这些品种的生产，对于吴罗的复兴至关重要。

20 世纪 70 年代，西欧和美国的市场逐步打开，春季广交会，给吴罗带来了沉寂已久的春的消息。这段时间，随着考古发掘的深入，研究罗面料的方向发生改变，纹样丰富起来。菱纹纱，纹样取材于湖南长沙马王堆一号汉墓出土的西汉菱纹罗。桑蚕丝熟织提花罗织物，二经绞罗为地，纬浮和平纹组织间隔排列起花，由对称锯齿骨架组成明暗相间的回字菱纹，层次丰富，织纹细腻，风格古朴。还有提花纱罗类，二经绞罗为地的艳丽纱、提花纱罗类的凉艳纱、地组织为横罗的新纹罗等。

总而言之，吴罗的发展，从新石器时代发轫到春秋战国已现雏形，秦汉出现了第一个高峰，隋唐注入异域风情，宋元再现第二个高峰，明清再接再厉，彰显第三个高峰。这三个高峰，构成吴罗文化、江南丝绸文化乃至中国丝绸织造文化精致华美的篇章，从而牢固树立

星斗葛（选自《苏州百年丝绸纹样》）

“丝绸之府”长久以来不可撼动的历史地位。一度在太湖流域的苏、杭乡间不为人知又濒临失传的各种手工绝活，在吴地文化的滋养下，愈加丰盈。特别是吴罗，在新时代“一带一路”伟大旗帜的指引下，众多织造技艺和经典品种重又回到人们的生活之中。

起始于太湖地区的吴罗，种类之丰富，风格之多样，色彩之缤纷，令世界为之震惊，为之叹服，为之痴狂，为之折腰。它寄托了无数织造者的爱国情怀和工匠精神，令国人为之骄傲和自豪。在历史长河的光影绰约下，吴罗堪称是一颗光彩夺目的东方明珠，将永存于时间的脉络之中。如今，当“吴罗”恰逢其时以全新的姿态再次华丽登场时，更是给现代江南丝绸文化增添了浓墨重彩的一笔，又一次惊艳了世界。

冰浪绸（选自《苏州百年丝绸纹样》）

菱纹罗(选自《苏州百年丝绸纹样》)

万象包罗

吴罗组织结构的研究、织物结构类别以及植物染色自河姆渡文化伊始，经马家浜文化、崧泽文化、良渚文化，再经吴越春秋的丰富和发展，直到今时今日，江南文化一直无声无息地润泽和滋养着吴地这片青山绿水，历史文脉源远流长。至今在太湖流域仍然保留着吴罗的织造技艺，虽然曾经在相当长的一段时间里不能成为流通市场的主要产品而默默无闻，但是随着改革开放以来，我国出台一系列相关政策对传统手工艺进行鼓励和扶持，很快有了起色。就拿我来说，自 2003 年成立圣龙丝织绣品有限公司（下称圣龙公司），便全心全意投入到了“吴罗”的世界里，待研发出一些成果时，蓦然回首，已过去了三十多年。下面就我目前掌握的吴罗组织结构的研究、织物结构类别以及植物染色技艺等，与大家探讨。由于历史文献中未见相关专著，以下观点，仅仅是我在实践过程中总结出来的粗浅认识。

【壹】

吴罗组织结构的研究

我认为，世界万物都存在于各自不同的组织结构之中，大到宇宙空间，小到细胞细菌，有形无形的变化，都离不开结构，可以说结构决定了万物的风格和功能。吴罗，同样是在组织结构中产生，却不同于一般的纺织品和丝绸物，在众多纺织产品中，罗的组织结构有着自己特别的基因。

无论哪种面料，如果集美观舒适、结实牢固、经久耐磨于一身，那就堪称完美了，这种审美标准，不管在古代还是今朝都不曾改变。但是，恰恰就是这个最基本的结构要素，成了曾经的绞经纱罗面料的致命弱点——纰裂。几千年来，这个问题使无数织罗者伤神，经过无数次的工艺创新和机器改造也无济于事，一直难以攻克。那么时至今日，圣龙公司生产的吴罗是如何解决纰裂问题的呢？研究它的织造原理，罗是一种经与经之间进行360度扭转，并且上开口或下开口打入纬线的绞经织物，它的力点和伸缩性在织造过程中显得格外重要，有别于普通纺织物经线的张力，这需要举例作对比解释方能理解，暂且不论。我通过无数次研究和试验，认为从组织结构着手，罗面料的纰裂问题便可迎刃而解。主要靠材料、密度和结构。

首先靠材料，即对光滑的长丝左右加捻。众所周知，棉、麻、毛等短纤纱线粗犷又毛糙，所织面料不易滑移，任何一种编织方法都可以将面料织得很牢固结实，大批量、大规模生产很容易做到。于是，我在长期的生产过程中得出经验，将长丝材料进行变性处理，增加丝线的摩擦力，有效防止经纬线之间的滑动，能较好地解决部分纰裂现象。

其次靠密度，即增加经、纬丝线的排列密度，使其前后左右严严实实，无法轻易来回移动，从而使面料的质地较为紧密，增加牢度的同时降低纰裂发生的概率。再说，经线、纬线的密度与组织结构的产生是分不开的，比如二经绞一纬的稳定性非常差，若是采用三经、四经和多经去绞三纬至多纬，这

容易纰裂的二经绞纱罗

结构稳定的三经绞花罗

样的密度显然稳定得多。在我国大墓出土的相关织物中，就有经线排列密度高达每厘米200根以上的，这是古代匠人普遍使用的一种方法。但是现在看来也有不尽人意的地方，因为这样的高密度，在纺织器材、机具上很难排列，经线的上下开口不够清晰，织造时一不小心就会产生疵点。

最后靠结构，即在织物结构的每个环节上加强绞织结点，将滑移降至最小。其中最能说明问题的就是罗孔织物，它是所有纺织丝绸产品中经、纬密度最稀的种类，普通丝绸织物每厘米经、纬线都达到80 ~ 120根之间，而罗每厘米的经、纬线分别在30至50根左右，很少有经向超过60根、纬向超过40根的，在众多大墓出土的罗织物中也很少见。尤其是罗织物中的桑蚕丝织造难度更大，脱去蚕胶后的蚕丝是纺织纤维材料中最为光滑的一种，而且又是长丝，一根丝线从头到尾总长可达900米左右。蚕丝素没有毛纡和结子，要将其编织成耐磨耐用的类似网状面料，又要确保不纰裂，难度不言而喻。又比如二经绞一纬的纱罗，稀疏的经纬丝线绞不紧，组织结构没有牢固的稳定性，就很容易纰裂。所以，这种情况下唯有加强丝与丝之间的结构稳定性，方能解决问题。

罗的结构中，有普通的简单绞经织造法，也有非常复杂、难度极高的织造法，正因为罗的织造技艺精湛繁复，所以在文献记载中，往往被赋予神秘色彩，如此看来，也就不无道理和不难理解了。

三经绞如意云纹实地罗

双环花罗

【贰】

罗的品名分析和罗纹绞经织物结构

罗有很多种组织结构和绞织技艺，大家在市面上看到的只不过五六种而已，据我了解和掌握的就有六大类、六十种以上不同的织造方法和组织结构。目前为止，我掌握的品种有素罗、横罗、直罗、对应连股罗、四经链式罗，二经、三经至八经绞花罗、芝麻花罗、实地花罗、亮地花罗、纹罗、妆花罗、绣花罗、挖花罗、漆纱罗、镂金罗等，呈现出系列化的特点。

罗的品名分析

罗，是绞经织物的统称，它既是丝绸大类中的一个品类，又是一种织造方法。它的组织结构和织造方法很多，又十分复杂，花色品种更多，在几千年的积累中数以千万计。那么罗的品名真的有分类吗？又是怎样分类和命名的呢？

这个问题很难准确回答，自古以来，似乎没有人对罗的品名作过明确详细的总结和论证。由于各种绞织结构的变化多端，所产生的罗面料风格和使用功能也随之发生变化，以我的研究分析和实践经验来说，通常根据其形象直观命名，比如以椒孔形状、直观形象、罗纹风格和绞经根数、花卉图案、地域地名以及特征特点等。

以布面呈现的椒孔形状命名的，如椒孔呈长方形，就称之方孔罗、方目罗，以此类推，还有六角形、蜂窝形、三角形、梯形、圆孔状、土圆形、锥形等。

以各种直观形象命名的，如同刀罗、瓜子罗、芝麻罗、蜂窝罗、绳状罗、辫纹罗等。

以罗纹风格和绞经根数命名的，如三丝罗至十三丝罗、四经绞罗、链式罗、多经双股罗、连环罗、对应罗、双层异样罗、单丝罗、水纬罗、亮地罗、实地罗、暗花罗、亮花罗、锁边罗等。

漳缎

当然以面料的花卉图案来称谓的更多了，如牡丹花罗、孔雀罗、宝相花罗、云罗、菱纹罗、团喜罗、万字纹罗、银杏罗、蔓藤花罗、梅花白罗、荷花罗、吉祥如意罗等可达几百种。

直接以地域地名命名的，如春秋战国时期的吴罗、越罗，后来又有杭罗、婺罗、定罗等。

根据特点特征命名的，如形状、材质、色彩、季节等，分横罗、直罗、素罗、满园春罗、结罗、透鄂罗、洒金罗、生罗、熟罗、秋罗、春色罗、烟波罗、弹力罗、珍珠罗、妆花罗、夹缬罗、绣花罗、缂织罗、镂金罗、髹金罗、尼罗、贡罗、漳绒罗、绒锦罗等。

罗的大多数品名，经过几千年的自然称呼约定俗成，已很难分清类别的界限，但有一点不能混淆，那就是罗的各种名称并不完全代表罗的组织结构和织造技艺。

罗纹绞经织物结构

我在几十年的织罗生涯中，展开了对罗纹绞经织物结构的深入学习、探索和研究，花费了毕生的心血和积蓄进行寻找、搜集、收藏各种与罗有关的资料、器具和绞经织物面料、罗衣（或残片）等老物件，从中发现和吸取了诸多颇有价值的元素，对吴罗织造技艺的传承和创新起到关键作用。想知道中华罗艺有多美、织物结构有多繁复吗？下面就此谈谈我的一点认知和担忧。

罗，是我国最古老的丝织物，最初以二经相绞的素罗为主。秦汉以后，出现一种二经相绞的链式绞组织，就是将绞经轮流与左侧或右侧的地经交替，环环相扣，呈不可分割的链状结构，故也称链式罗。其中有二经绞素罗、四经绞素罗以及用四经绞和二经绞交替起花的花罗。唐宋时期，素罗和花罗名日繁多，产量较大，用途广泛。但到了元末明初，链式罗渐渐减少，以至失传。古代链式罗织物的结构不同于一般纱罗织物，经线间相互缠绕，其外观酷似针织品。它的厚度与透明度介于纱和绸之间，光泽和透气性兼备，在古代一般用于高端服饰和绣制工艺品等。由于罗较之绫、绸、缎等工艺更独特复杂，风格迥异，越发名贵，故而历代多为皇家贵族专享。

罗的组织结构是纺织丝绸品种中难度最大、变化最多、最为复杂的珍稀品种。它通过各种穿综工艺，软综装造和经纬丝线的不同系数，在不同的起脚工艺中，产生千变万化的不同纱罗风格。明代宋应星所说“凡罗中空小路以透风凉，其消息全在软综之中”，就是这个意思。经织造后面料上显现各种不同的椒孔，这些椒孔的产生不但实现了经纬结构的稳定，也给炎热的夏天带来通风透气的凉爽舒适感。经不完全调查统计，世界上拥有七八十种罗组织结构，罗的组织结构种类虽多，然而目前在我国普通百姓能见到的却很少，除了各地博物馆展出的罗织物。况且展出的罗织物的组织结构种类也是少得可怜，如济南博物馆展示的诸多罗衣物中只有两种，即二经绞的纱罗和妆花罗，看似有许多品种，但大多数只是在纱罗面料上进行各种各样的刺绣。又如湖南长沙博物馆展出的马王堆汉墓出土的罗织物，也仅有著名的耳杯菱纹罗，即四经链式罗（四经绞罗）等。除了博物馆，很难在市场上或商店里找到罗面料，更不用说众多组织结构的罗产品了。

曾几何时，我国几千年来所产生的罗纹织物结构很多，然而一度反倒是国外的织罗技艺保护和发展得比我们好，特别是日本，我国古代常见的四经链式罗、妆花罗和普通的横罗（杭罗）、纱罗，以及素、花罗织物一直都在生产。值得欣慰的是，我国目前的罗组织结构已远不止这些了，我在多年的搜集、整理、归纳和实践中进行创新研发，总结出六个大类、近百种不同的罗纹组织结构。其中有些组织结构的罗面料更适合现代人时尚生活的需求，尤其制成夏天的服饰，不仅舒适、凉爽、防晒、透气，还雅致，在品质上更加坚固、稳定、耐磨、耐洗，好打理，不会出现纰裂、勾丝等现象，在实用性、牢固度上远远胜过古代罗织物。

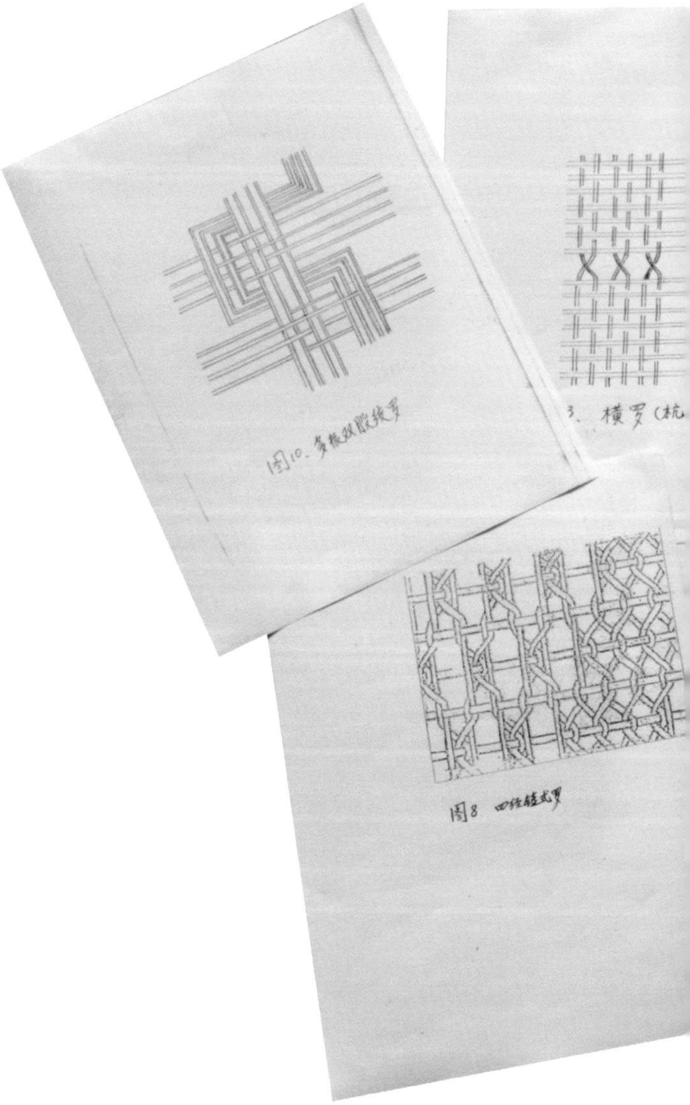

一组具有代表性的各种罗组织结构示意图

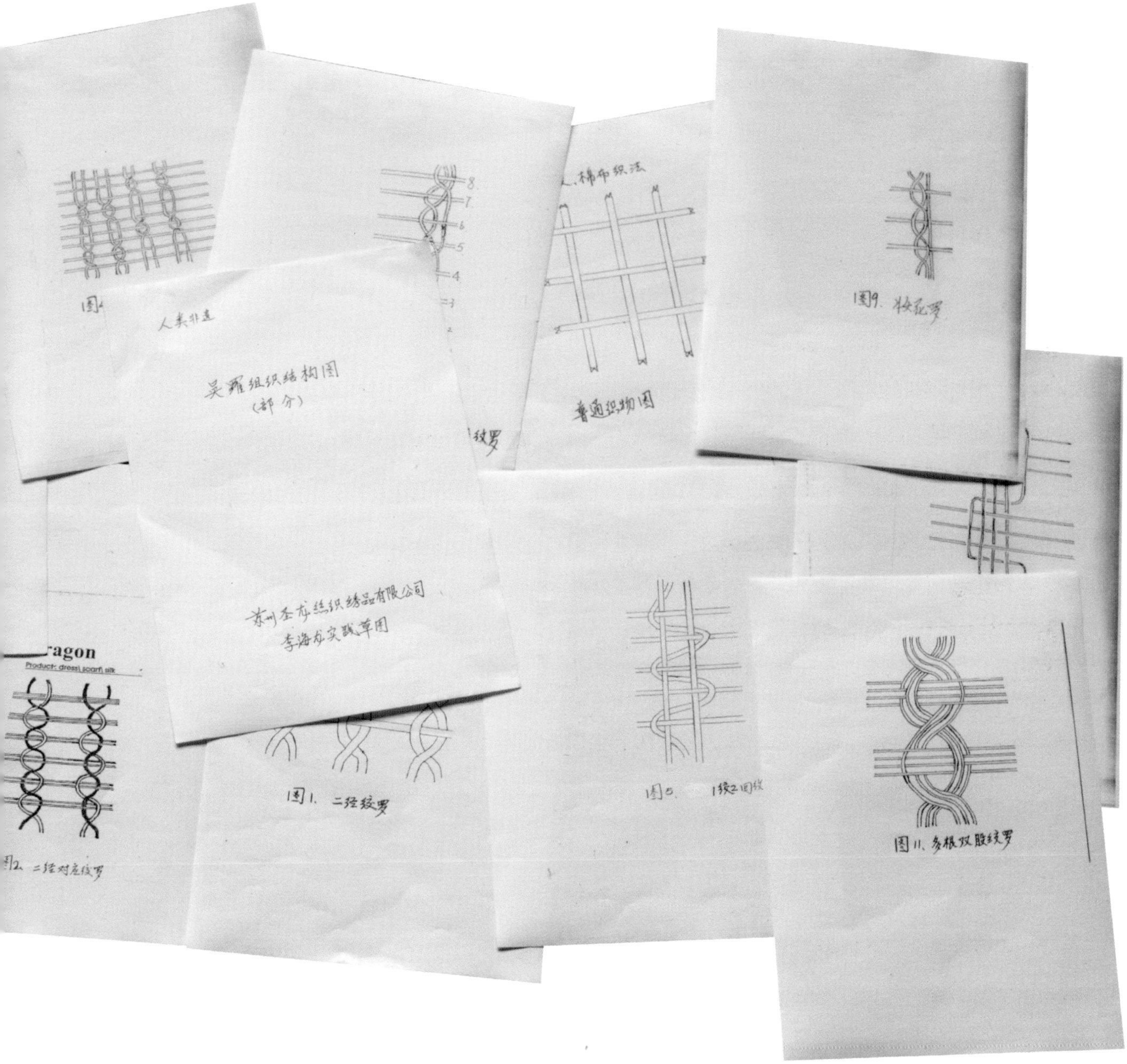
人类非遗
吴罗组织结构图
(部分)
苏州圣龙丝织绣品有限公司
李海龙实践草图
棉布织法
普通织物图
图9、纱花罗
图1、二经绞罗
图2、二经对应绞罗
图11、多根双股绞罗
Dragon
Product: dress, scarf, silk

【叁】

绫、罗、绸、缎、纱、锦、绒织造方法和结构以及织物风格和特征等区别

纺织，是我国工业产品门类中的一个大类，纺织大类中又分为三大织造方法，即平行编织法、绞经织造法和无经针织法（另外还有现代的水浆无纺法）。三大织造法中，各自都有不同品种的组织结构和织造方法，有的织造方法和花色品种甚至多达千种以上，如平行（普通）编织法，即以经纬线平行上下、左右来回进行并排编织的方法，其面料的品质主要靠高密的经纬线排列，不仅结构稳定，不易纰裂，还具备平挺、光滑、耐磨、保暖的特点，既美观又实用，比如尼龙、毛料和丝绸面料以及各种锦类织物等。同时在并排编织的工艺方面，又对组织结构的交叉点进行设计，让经向和纬向的编织线条增加跨度浮长和各种提花结构的纹案，在花形色彩中显现斜纹、缎纹、锦类的纹理组织等，由此产生无比丰富的各种各样绫、绸、缎、锦等面料。民间常常以“绫罗绸缎”来指代珍贵的丝织品，下面就丝绸门类中大家熟悉的几个品种，如绫、罗、绸、缎、纱、锦、绒织造方法和结构以及织物风格和特征等区别，以简洁的文字加以普及。

绫

绫，是以斜纹组织结构为基本特征的丝织品，可分为素绫和纹绫。素绫，指单一的斜纹或变化斜纹，布面没有任何花形图案；纹绫（花绫），指斜纹地上单层织暗花的织物。绫（绮）采用三枚、五枚的组织结构，面料的正反两面风格迥异，正面为经线跨过三根四根纬线上方后进行一次编织，反面则纬线穿过经线的底部三根或四根经线时与另一根经线进行上下编织，因此正面显示经向光滑的花素绫纹风格，反面则呈现暗淡无光的花素斜纹风格。

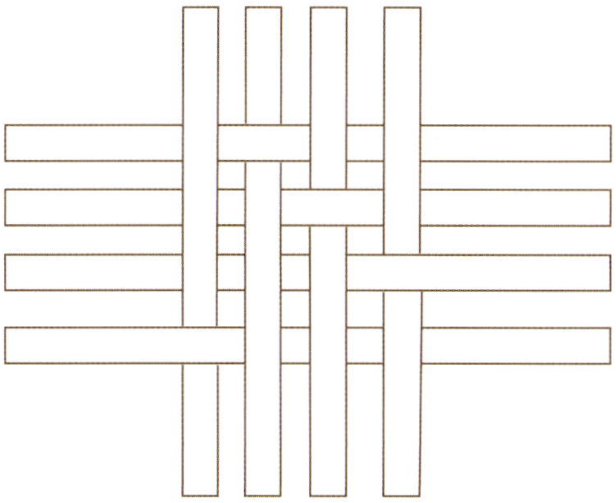

绫的结构平面图、实物

罗

罗，是较为特殊、稀有且十分古老的丝织物，在丝绸中统称纱罗，属于绞经织造结构，不同于普通纺织丝绸面料的织法。其绞经编织工艺，必须具备两个系统以上的经线在纠绞中与一个系统以上的纬线再进行绞织，才能体现罗的风格和功能。比如，一个系统的绞经在软综线或现代金属绞经装置的作用下，纠缠另一个系统的绞经左右，进行来回提升绞经时，投入纬线进行不断绞织，使两个系统的经线相互扭绞后在织物表面形成清晰的绳状扭绞纹理和布满透露椒孔的风格和特征。罗的织造技艺和组织结构精湛复杂，品质高贵典雅内敛，穿着飘逸舒适凉爽，所以在古代，一直被权贵阶层追捧和喜爱。

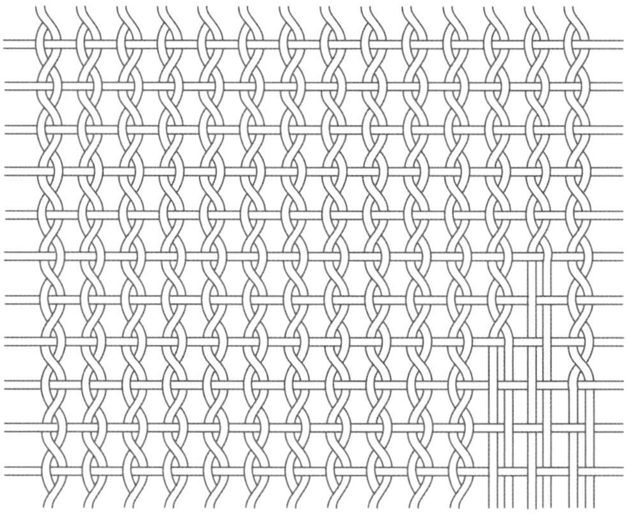

二经绞纱罗的结构平面图、实物

绸

绸，以平纹、斜纹高密度组织或变化组织编织为主，经纬以纵横上下平行编织，正反两面呈现同色同样、同织纹同风格。在纺织系统称之纺类，是一经一纬或二经二纬编织而成，其特征为紧密细腻，平挺滑爽。绸，是对古代绢、纨、缟、纺、绨、绡等变化品种的统称，也是当今丝绸或绸缎的简称，以此分清与棉、毛、麻以及合纤、短纤等织物的区别。

绸的结构平面图、实物

缎

缎，采用的是经纬浮跨奇数的五枚、八枚至十六枚不等的组织结构。缎类面料正反风格差别较大，格外明显。织物正面只见经线不见纬线，质地丰满，细密柔软，光滑华丽；反面则只见纬线不见经线，光泽暗淡，略显粗糙，显现横向粗犷的大斜纹风格。缎，分素缎、花缎和妆花缎，其品质高于绫、绸，可与锦类比肩，是丝绸中应用较广的品种之一。

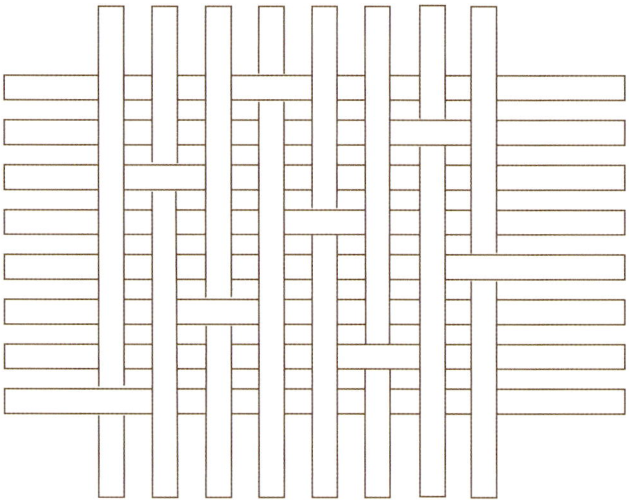

缎的结构平面图、实物

纱

纱，有多种解释，一是由棉、麻、毛、化纤等短纤维纺成的细条，即"纺纱织布"中的纱所指；二是将长丝经过强捻后织成轻薄并带有绉感的面料，称为薄纱；三是指经纬线用非常稀疏的平纹结构，织成布满方孔的薄型棉、麻织物，如旧时的麻纱蚊帐、夏布、黄麻纱袋以及大家熟知的医用纱布、纱布口罩、窗纱、提花纱、四分纱、蛛露纱。除此，还有 3×3、5×5、7×7 经纬对扣编织的透风纱，薄如蝉翼的素纱禅衣，现代的柯梗纱，单丝强捻的乔其纱等。另外，又有房屋墙上安装的尼龙、铁丝窗纱，防护隔离粉尘和过滤油污杂质的纱网等。这些织物品种才是真正属于平纹稀疏方孔的纱类结构，是名副其实的"纱"。纱的组织结构只具备一个奇数的经和纬进行纵横平纹编织，以葛、棉、麻、尼龙、金属丝为材质编织的大纱孔，不易纰裂，这就是纱织物的特征。

纱的结构平面图、实物

锦

锦，是用三色以上纬丝织成的缎纹地上织出的绚丽多彩、古雅精致的花纹织物，有库锦、蜀锦、宋锦、云锦。其结构有经锦、纬锦和妆花锦，还有各种单层色块风格的各地各民族的锦。其中妆花锦最为名贵，是成语“锦上添花”最形象的诠释，该结构是在纬锦的基础上融入缂丝挑花、回纬、盘梭、挖织的方法，用多种彩纬小梭在同一纬度上进行逐花异色的挖织。还可以夹金织银、镶彩点翠，使得锦上达到金光闪耀、五彩斑斓、花团锦簇、绚丽夺目的迷人意境和艺术高度。

锦的结构平面图、实物

绒

绒，在丝绸织物中属于比较特殊的品种。织物表面局部或全部采用起绒组织，面料呈现出绒毛和绒圈的丰厚特征。缎地表面起提花绒的，为漳缎；罗地表面起绒或起绒圈的，则为罗绒或绒锦罗；在其他织物表面起绒圈或进行雕花割绒的，便是漳绒或天鹅绒，其设备、装造结构和工艺，较之经锦、纬锦更为复杂。这种绒织物必须具备双层经面，即织地的经线经轴和起绒的绒经架。织绒设备和装造是丝织品中更为繁琐复杂的一种，起绒的绒经提起时还要放入钢丝，织出10厘米左右，需手工将压在钢丝上的绒经割断成绒，并取出钢丝。由于该品种流程和环节太多，在此不作详细介绍。

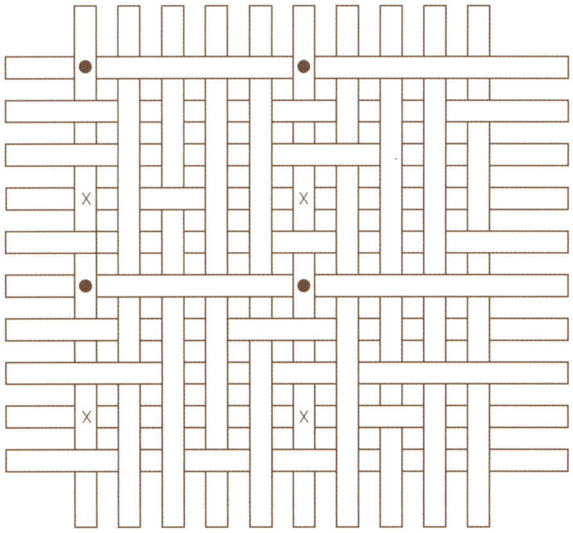

漳绒（天鹅绒）的结构平面图、实物　李海龙收藏

普通丝绸面料的织造方法，采取的是经线和纬线之间进行上下、左右、并排、平行的织造方法，俗称平织法。它的经纬材料都是在平行排列中编织而成，这种织法的面料不透气，具有紧密平滑、厚薄均匀的特点，使用功能以保暖为主。而罗的织造方法与之完全不同，它的结构起了明显的变化，虽然也是经纬线织造，但织造的方法和结构采取了绞经织造法，由此产生的面料特点也与之迥异。经线在两个系统的互相来回交叉纠结中引入纬线，形成如绳似网的椒孔，因此面料的使用功能也有着天壤之别。夏阳酷暑，吴罗用于遮阳和贴身穿着的舒适度，是其他任何一种纺织面料无可媲美的，故而在古代被视为稀罕之物，列为贡品。

【肆】

一个“绞”字，分清纱与罗

一直以来纱与罗常常被混为一谈，甚至有些专家也说不清道不明，纱与罗究竟是一个品种还是两个品种？到底哪种织物是纱、哪种织物是罗？据史料记载以及纺织考古专家对出土残片和实物纹理的分析论证、所起名称来看，各个时代、各个地区的称谓有所不同。如新石器时代出现的二经绞葛织物残片，称为网罟。夏、商、周至秦汉时期生产的二经、四经绞罗面料，其中就有著名的吴罗大类。唐、宋时期纺织技艺已经趋于成熟，纺织业进入鼎盛期，由此产生层出不穷的纱、罗产品，各种名称也应运而生，如纱有绞纱、方孔纱、芝麻纱、花纱、麻纱、泰西纱、西汉纱等；罗有汉罗、菱纹罗、亮地纱罗、亮花纱罗等。到宋、元、明、清时期，罗的品种、门类越发繁多，各地出现了横罗、直罗、素罗、花罗、宝相花纱罗、云罗、满园春罗、瓜子罗、孔雀罗、牡丹纹纱罗、实地纱罗、暗花纱罗、折枝莲花纱罗、缠枝梅花纱罗、单丝罗、纹罗、妆花纱、妆花罗、漆雕纱罗、槅扇窗纱、髹金纱罗、刀罗、河西罗、秋罗、水纬罗、烟波罗等等。总之纱罗名称众多，但罗与纱之间的称谓模糊，界限不清，没有统一的认定和明确的区分标准。下面就此谈一点我的个人看法，供大家参考。

纱、罗之辨

纱与罗有别，绝非同类。要想分清，其实很简单，就看绞与不绞。

纺织行业中，绝大部分的面料品名来自组织结构和织造方法所形成的织物风格。而纱的面料风格最为简单明了，经纬密度非常稀疏，肉眼可以清楚看出纱布面上布满的方孔。自古以来都以棉、麻、短纤丝线，或者把长丝加强捻之后进行编织，否则织出来的面料容易纰裂、破损而无法使用。纱和普通丝绸编织方法没有区别，只不过在绸的平纹织物基础上把经、纬密度变

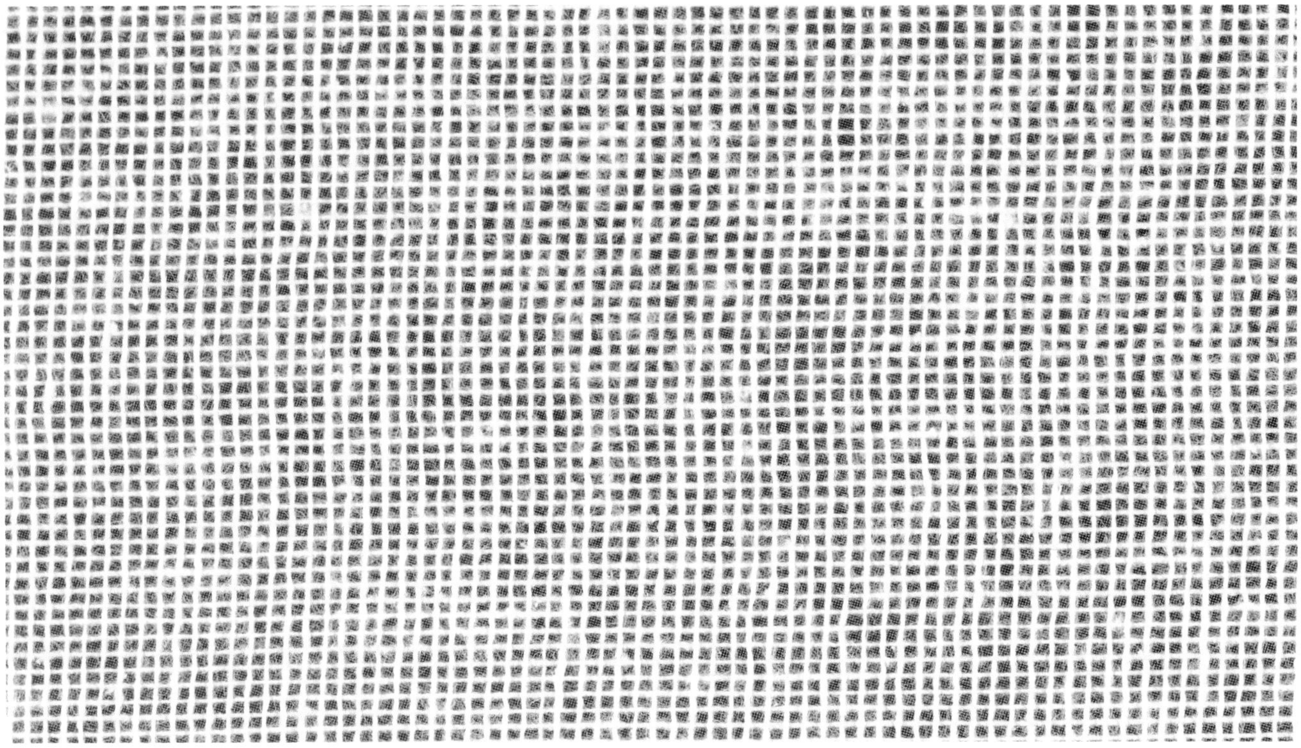

普通纱实物

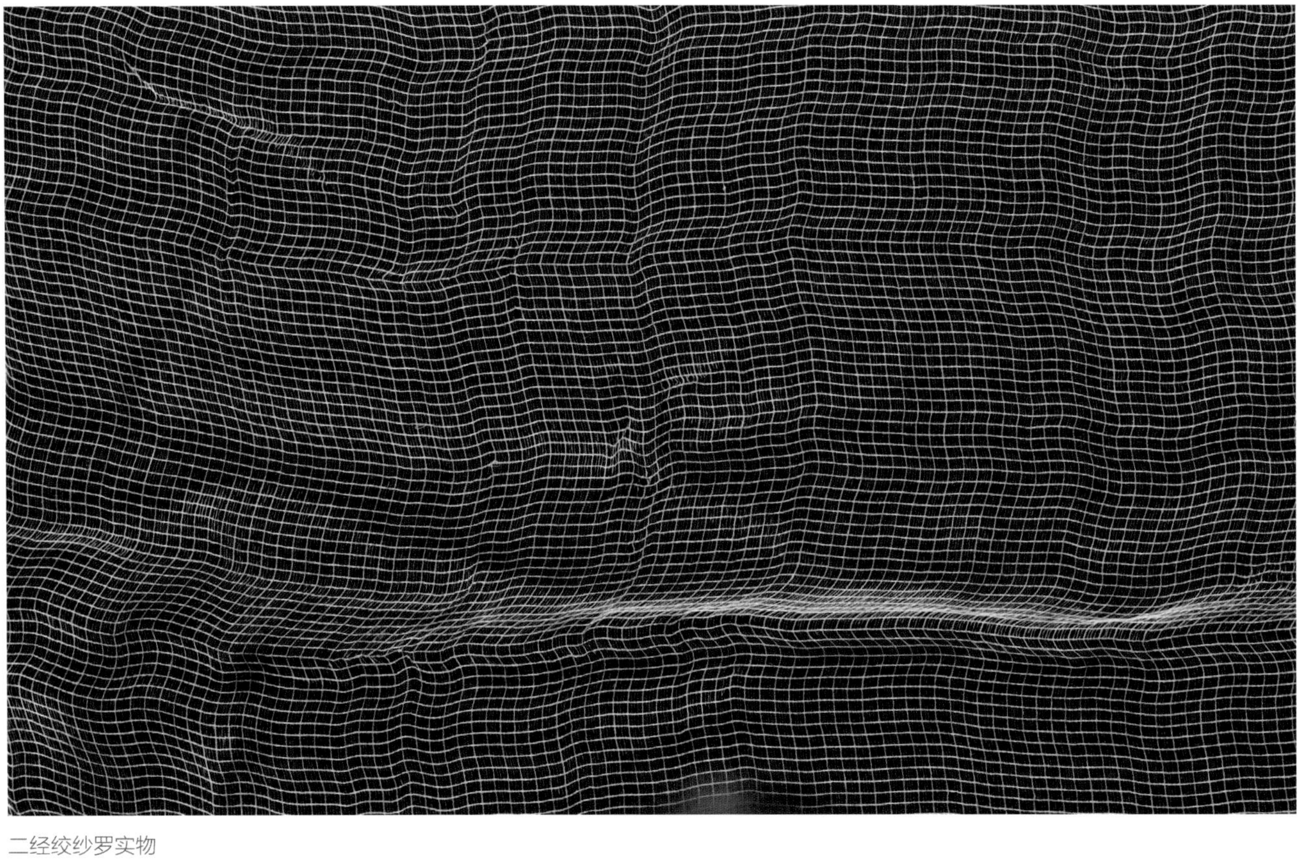

二经绞纱罗实物

放大的二经绞纱素罗结构图

二经绞暗花纱罗实物

二经绞暗花纱罗实物

二经绞暗花纱罗实物

得更稀，以一个系统的经线和另一个系统的纬线进行上下横竖平直(经压纬、纬压经)编织，就是以单一的经、纬原料进行一根经和一根纬上下互相交替循环编织，经纬之间始终不纠绞。

罗，有其独特的风格特征，不同于纱或其他面料。罗的面料表面布满着比纱孔还要稀疏的各种不同形态的孔眼，当然也有特别高密度的罗孔，但都有明显的凹凸感和立体状，地经与绞经在纠绞编织中经向形成绳状椒孔条纹。二经在绞织纬线时产生各种异形孔状，如三角形、方目形、六角形、菱纹形、锥状形、梯形、蜂窝形、瓜子形、弧形、网孔形等。而不同孔状的形成，与各种绞经工艺产生的不同结构有着密不可分的内在联系。罗在织造过程中，包含着令人叫绝的精湛技艺，两个系统以上的经线和一个系统以上的纬线，织出千姿百态的椒孔。孔眼看似同样的稀疏薄透，其实罗织物比纱布坚固耐磨数十倍，既可稀疏透爽又可高密雅致，厚薄皆宜，这一点很是神奇。

那么为什么人们视罗似纱、罗纱不分呢？因为，罗类织物结构中最为简单的一种叫二经绞纱罗，古人称之为绞纱，是因为它的风格看起来与普通不起绞的平纹纱布极其相似，孔眼呈正方形或方目形，一眼望去很难分清。其实，纱、绞纱、罗三者之间原本都有各自非常清晰的特征，根据其特征简言之，纱是一种既简单又稀疏的方孔平纹面料；绞纱是一种通过二经纠绞纬线的稀疏、凹凸、立体椒孔面料；罗是由绞经组织结构与其他平、斜、缎、提花等任何一种组织结构体现在一块面料上的织物。总而言之，凡是经纬线不纠绞的稀疏方孔平纹织物，都称为纱，只有经线在相互纠绞中绞住纬线的织物，方能称为罗。

纱、罗之用

纱和罗的结构不同，用途也截然不同。由于纱的织物无固定绞织点，结构不牢固，容易纰裂破损，故无法用于服装服饰，更不用说高档日用品了，仅限于辅助小商品，如医用纱布、口罩、绷带、筛网、窗纱、滤布等。在古代，皇家贵族去世后，大多用纱布包裹尸体后入殓，在出土的大墓中时常见到。

而罗就完全不可与纱同日而语了，悠悠丝国五千年，罗与古国共辉煌。我国是世界上掌握育蚕缫丝技术最早的国家，这项发明推动了世界纺织服饰文化的大发展。自新中国成立后，伴随我国考古学的科学振兴，文物考古事业进入辉煌时期，其中尤以纺织考古成绩斐然，众多地下大墓的发掘和研究，串起了六七千年的纺织文物实物链，这是我国对世界纺织文化的巨大贡献。这些文化遗存的发现，有力地证明了罗织物在历史上的崇高地位和实用价值。在漫长的历史长河中，吴罗始终是封建统治者专享的贡品之一，不折不扣的世界顶级奢侈品牌。

【伍】

二经绞纱罗织物结构

二经绞纱罗结构，含花罗在内，约有十六种，这里是指组织结构，不是花色品种。二经绞素式或提花的纱罗结构变化在七种以上。二经绞横罗、直罗（含杭罗）的三丝至十三丝罗，包括提花在内有九种以上。二经绞芝麻罗、花罗也有四五种以上。那么二经绞的组织结构究竟有多少？据我所知或织造过的就有二十余种。

二经绞结构，是罗织物中最原始也是最简单的基本组织结构。这种普通的绞经结构织物，在我国长达约七千年之久的纺织历史长河中，始终贯穿其中，既是最久远的，也是从古至今最常见、使用最广泛的。随着社会的持续发展和科技生产力的不断进步，纱罗织物的结构也随之不断创新，技艺更加出类拔萃。其结构的稳定性和变化的多样性，越发适应各个时代的审美情趣和生活需求。虽然二经绞的组织结构也随之发生很大变化，产生了约二十多种不同的扭绞方法，但万变不离其宗，终究还是二经绞结构。这种面料的风格与麻类的方孔纱布近似，所以古人把二经绞的蚕丝织物称为纱，或是绞纱、纱罗，也有直接称作罗的。

为什么在古代的丝绸纱罗织物中，必须采用二经绞织造工艺呢？是由于桑蚕丝既细又滑，如果能织成同棉麻那样有透孔的纱布面料，那么夏季穿着岂不是更凉爽舒适？但是用蚕丝织成的纱无法制衣，容易滑移、纰裂和勾丝，于是聪明的古人采用了类似于捕鱼捉鸟的二经绞编织技艺来织造，把未经脱胶的桑蚕丝，用作经纬丝线，这样就产生了稀疏带有椒孔、结构稳定牢固的绞纱面料，再以捣炼等方式使其软化或染色。如此这般，柔软、飘逸、轻盈、舒适、凉爽的纱罗面料便制成了。随着纺织科技的不断进步，后来又出现了二经绞的链式罗、花罗和诸多二经绞的各种纱罗结构，进而丰富和美化了人们对物质生活和服饰文化精益求精的需要。

部分二经绞罗结构图和实物

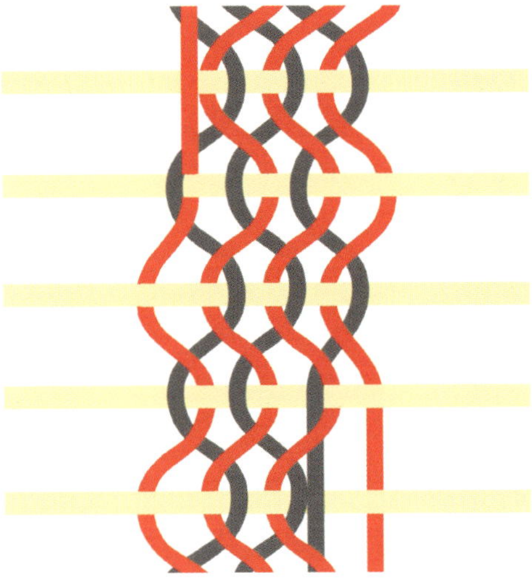

二经绞链式罗结构图、实物

二经绞妆花纱罗结构图、实物

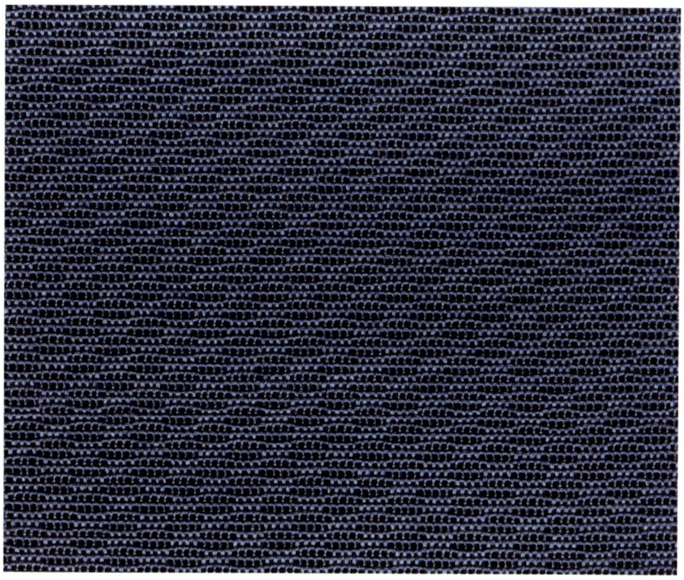

二经绞芝麻纱罗结构图、实物

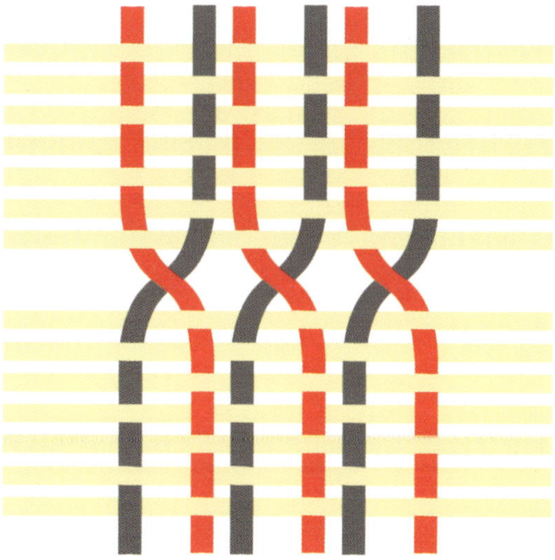

二经绞横罗（杭罗）结构图、实物

【陆】

三经多纬分组式罗织物结构

三经绞罗结构在十五种左右，如三经一绞二的锁边罗，一绞二经对应罗，三经二根绞的三丝至十三丝横罗、花罗，三经二根绞的横直罗，三经二根绞的彩色花罗，三经二根绞的妆花罗，三根一绞二经差位罗，三根一绞二经平纹纱罗和亮地、实地花罗，三根一绞二经对应罗和亮、实地花罗，三根一绞二经双层正反异样罗，三根二绞一经绳状罗，三根二绞一经连环罗、三根二绞一经辫纹罗，三经三纬对应罗以及各种三经绞结构提花罗等。

三经绞罗的组织结构，在古代的罗织物中很少出现，大多属于现代研发创新的新型罗组织结构，乃纱与罗组织相互融合的一种新结构，适应现代纺织机械的配套织造原理。其结构的扭绞节点比古代的纱罗织物强好几倍，相比二经绞技术难度高出许多。所产面料，罗孔更清晰，透气且耐磨，稳定性、牢固度皆略胜一筹，脱胶炼染后不易纰裂，还具有较强的抗皱肌理。可以说，是为了现代时尚生活量身打造的罗织物创新结构。

三经一纬锁边结构，大多用于现代无梭织机上做锁边。由于无梭织机的面料都是毛边，用绞综锁边后边缘的经丝不易往外脱落，这种方法和器材同样可以用于纱罗面料的生产。值得注意的是，目前市场上还出现了一种假纱罗，有鱼目混珠之嫌，其结构以平缎为主，3×3、5×5、7×7，以抱经抱纬的方法织造，即经与经之间不扭绞，而且呈现出纱特有的方孔。这种普通真丝纱孔织物容易勾丝，不太适合制作服装。

部分三经绞罗结构图和实物

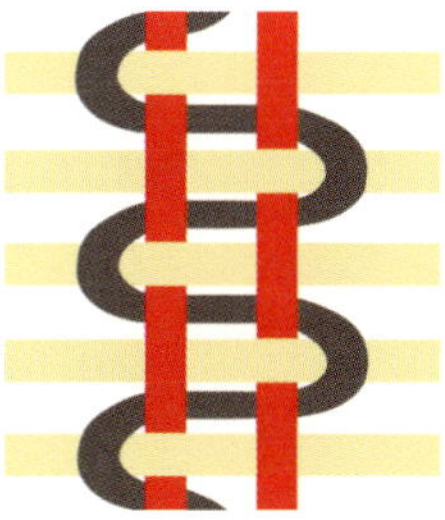

锁边罗结构图

三经对应罗结构图

三经一纬绳状罗结构图

三经一纬连环罗结构图

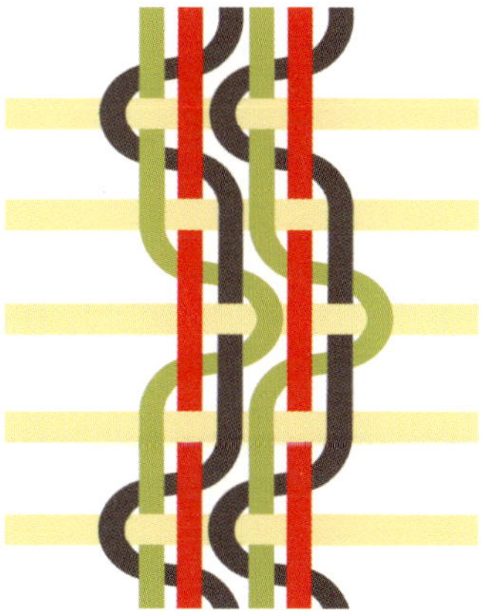

三经一纬辫纹罗结构图

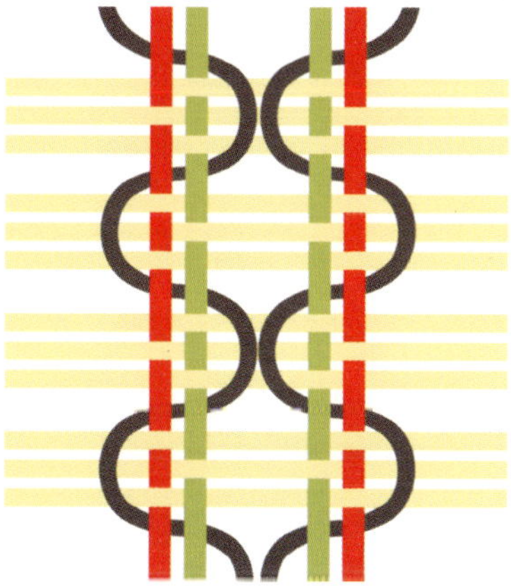

三经三纬对应罗结构图

三经二纬对应绞纱罗结构图

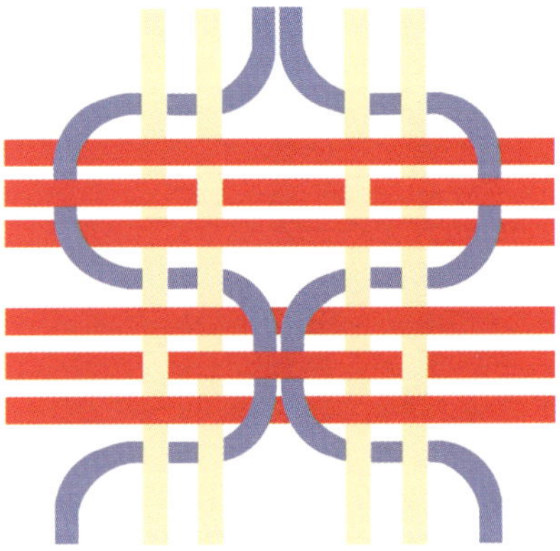

三经三纬对应绞新纱罗结构图

三经重纬妆花罗结构图

三经一纬连环罗实物

三经一纬辫纹罗实物

三经一纬绳状罗实物

三经绞花罗实物

三经绞素罗实物

【柒】

四经绞罗结构

四经绞罗和链式罗结构有七种以上，四经三纬素、花罗，四经四纬对应乔其罗，四根二绞二经变化一绞一内外绞罗，四经链式中的二经链式罗，四经链式罗、提花罗等。

四经绞罗，是指四根经线用不同的扭绞方法，织造出的罗纹面料风格各异。四经绞罗结构中分成两种，一种是与其他罗织物相似的、有绞组的四经绞罗，由四根经线为一组来回绞织的罗结构。另一种是无绞组的四经链式罗，与其他任何罗组织结构都不一样，在我国的纺织考古界也有不同叫法，有的称链式罗、无固定绞组罗，也有称复杂罗，还有干脆就叫四经绞罗等。这种链式罗的结构有个明显的特点，就是很难分清每根经线扭绞的左右奇数，左邻右舍的经线都是相互勾连着的，分不清哪四根为一组，因为从第一根到最后一根都是环环相扣，无非就是透过大孔眼的罗孔能看到四根经线绞在一起，所以通常称其为四经绞罗。这种二经四经链式结构的罗组织，最早可能出现在先秦或秦汉时期，直至明末逐渐淡出人们的视野，在我国已经断代数百年。目前只有在苏州民间尚保留这一技艺，并且仍然在生产，供货于日本市场。还有人已经突破了每厘米经密 80 根、纬密 28 根以上的高密度菱纹薄形四经链式罗的织造技术，正朝着古代最高经密每厘米 100 根的四经链式罗目标靠近。

四经绞罗的结构工艺，是目前人类绞经织物中的宝贵财富和技艺精华，有些品种在现代设备上无法实现生产，还必须采用古老传统的木机和丝线软综才能进行复制，这绝对是一种濒危的技艺和品种，希望大家共同重视，加以保护和传承。

部分四经绞罗结构图和实物

四经三纬罗结构图

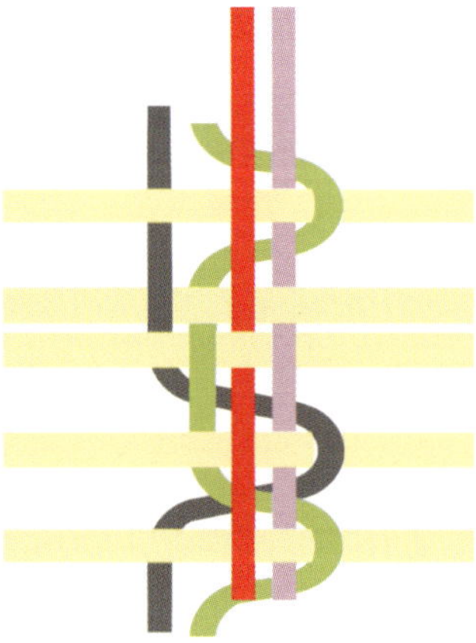

四经双绞差位罗结构图

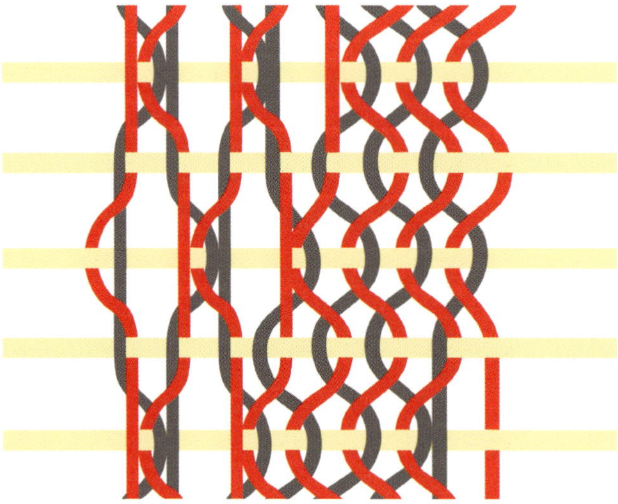

四经链式罗结构图

四经链式素罗实物

【捌】

多经双股绞罗织物结构

多经双股绞罗织物结构，花、素组织约有六种，如四经绞罗二经绞二经素罗、花罗，六根三经绞三经素罗、花罗，八根四经绞四经变化二绞二经素罗、花罗，十二根六经绞六经变化三绞三经花罗缎等。

多经双股绞和二绞六经的结构，实际上就是二经绞的肌理，为解决高密度缎类提花风格，而将几根经拢合在一起进行罗孔绞织。另一种一绞三经，也同样是为了解决经密比较高的织造方法。由于现代社会的生活方式，对内外服饰面料的要求有了新的变化，越来越多的人使用缎类大提花和大罗孔等珍贵面料做外套和旗袍之类的华服。因此对过于传统的织罗技艺加以研发创新是很有必要的，在二经绞工艺的基础上，实行多经多纬结构的品种改造，从而更适应当今市场的需求。

多经多纬的绞织方法虽然比二经绞难度大许多，但加固了二经绞工艺结构的稳定性。由于经丝密度的增加，面料起花部位的品质基本达到缎类织物丰满亮丽的效果，大罗孔相互交叉绞织的稳定和牢度得以完善，无疑是现代女性夏季服饰的理想面料，透风凉爽的同时还能遮阳防晒，也是中老年女性定制旗袍的最佳选择。总之，多经双股绞罗织物，较好地融入了现代人的时尚生活之中。

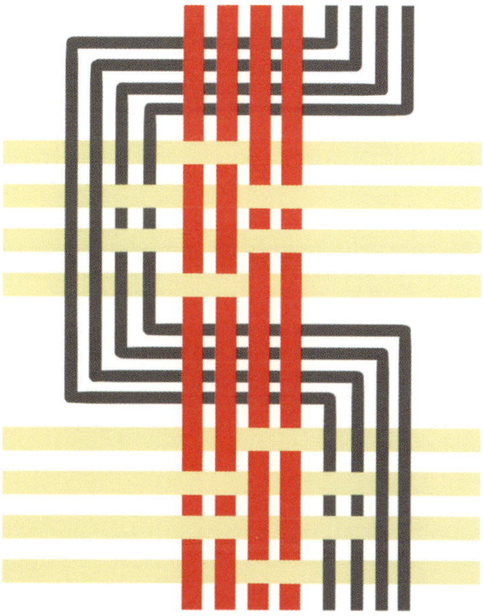

多经双股绞罗结构图

多经双股绞重磅花罗实物

多经双股绞重纬色织花罗实物

【玖】

妆花罗结构

妆花罗结构在五种以上，有妆花纱罗、妆花横罗、重纬妆花罗、缎面妆花罗、亮地妆花罗等。

妆花工艺，是在传统的织锦工艺上发展而来，并吸收了缂丝通经断纬的技术，采用局部挖花盘织的织造方法，从而形成的一种丝织新品种，是丝绸提花工艺中的特殊复合织造技艺。在织造暗花面料时，同步用彩色纬线以缂丝小梭子挖花盘织进行编织，如同化妆一样，在面料表面浮现出各种不同的花色效果。这种工艺起源于宋元之际，成熟于明代初期。不过妆花织造方法究竟起始何时，又是在哪个品种上首先运用的，目前未见文献明确记载，据推测，大概是宋元时期先在较为稀疏的纱罗织物上尝试，随着时代的进步和历史的发展，织机得到改进、工艺逐步完善的同时，再应用到各种织物上。目前人们熟知的南京云锦和苏州吴罗，还依然保留着妆花织造技艺。

妆花在各种织物上的运用

妆花罗是吴罗中的一种，是指用各种彩色纬线在织物上以挖梭的方法形成花纹图案。明清时期妆花品种很多，应用也最为广泛，如妆花缎、妆花绢、妆花锦、妆花罗、妆花纱、妆花绸等，甚至还有妆花布，妆花技艺几乎在所有的织物上都可以应用。其中妆花缎、妆花罗备受古人追捧，苏缎地妆花和罗地妆花最多，在高端织物上被大量运用。如皇帝的龙袍，皇后的吉服、罗裙等，都采用彩色丝线、扁或圆的金银线进行妆花挖织，织物呈现出色彩斑斓、层次分明、璀璨夺目的艺术效果。圆金织地光泽含蓄沉稳、雍容华贵；扁金、扁银光泽闪耀明亮、五彩缤纷。罗地椒孔若隐若现、斯文典雅，金银彩花如同宝石般镶嵌其中，制成罗衣后，珠璧交辉、富丽堂皇，如此华冠丽服，称其为穿在身上的艺术品、奢侈品，一点也不为过。

妆花罗与锦类织物的区别

妆花罗，是我国吴罗非遗织造技艺中的一个珍稀品种，以“三技合一”织造出来的丝绸艺术品，在织绞经罗纹的大提花基础上融入重纬织锦工艺，同时又要加上缂丝几十种装有彩色丝线的小梭子进行同样异色回纬挖花盘织的工艺。所以看上去既不像锦又非缂丝，也不是暗花罗，但是可千万不要小瞧了它，实则它是一种精湛、复杂又特殊的妆花织造技艺。

锦，是采用二组或二组以上的彩色经或纬线，以重组织形成的质地较为厚实的提花丝织物，在丝织物中算得上是美丽华贵、精致复杂的实用艺术品种，古代有“织彩为文”“其价如金”之说。我国的织锦品种很多，56个民族有着各自不同的锦类品种，最著名的有四大名锦，即苏州宋锦、南京云锦、四川蜀锦和广西壮锦。锦的组织结构和织造方法主要有三至四种，两种是通经通纬的提花重组织；一种是通经通纬加局部挖花盘纬重组织；其余就是普通的挑花或一般提花的斜、缎纹组织。

经向用重组织起花的锦，称“经锦”，以多种色经根据需求显露在锦面上，其余不显花的色经统统隐藏在中层或背后。如果纬向重组织起花的锦，称” 纬锦”，以多种色纬根据需求显露在锦面上，其余不显花色纬就隐藏于后面。还有一种是在通经通纬的大提花彩纬长跑的基础上，采用缂丝多把彩纬小梭子回纬挖花盘织

亮地妆花罗插屏

妆花横罗实物

龟背纹宋锦

杉叶纹宋锦

的锦，可以在锦面的同一纬度上任意挖织出各种同花异色的图案来，其色彩远比经锦、纬锦多姿多彩、丰富漂亮，这就是妆花锦或妆花缎。另外，一般锦类织物，如壮锦、黎锦等，这些锦的织法大多以色纱色丝单独分离间隔式或排列式进行挑花提花织造，因此花色纹案相对简单呆板，不过具有鲜明的民族文化气息和特殊的传统织锦艺术。

此外，绒锦罗结构，有单色漳绒罗、漳缎花罗、缂织绒锦罗、彩漳绒锦罗等。

妆花罗与缂丝的区别和存在的误区

妆花罗的制作，在染织艺术门类中称得上是最为精湛繁缛的一种，集三种织造技艺于一身，其难度可想而知。然而妆花罗精细光滑的视觉效果却略逊色于缂丝，让人视其不透，更看不懂其中深奥的技艺，所以很多人对它不以为然。要知道在古代，妆花罗可是在锦类织物中独占鳌头的，以其特有的高贵奢华大气，与帝王将相身份相得益彰，尤其是被明清两朝皇室所垄断，成为进贡龙袍凤衣的专享面料。

缂丝的编织技艺也是别有洞天，为平纹编织技法，即通经断纬挑花回纬盘织拨纬入口。由于缂丝的编织方法不是同一纬度编织，凹凸不齐，因此只能用拨纬工具"拨子"将纬线拨入织口，从而形成布面。缂丝的经向开口比较简单，就两片范片把经线穿成一上一下即可进行开口缂织。缂织前将准备好的画稿衬托在经面底部贴着经丝进行描绘纹样，然后根据彩色花稿图案用各种彩色丝线进行缂织。在缂织过程中，需详细分析判断彩稿中的色彩、过渡色的戗法以及丝线的浓淡拼色，劈绒、摇纡、装梭缂织，在戗织过程中还得时时刻刻更换线色，工艺比较繁琐，缂织过后很难进行换色换线，不像刺绣可以剪去绣花线重新补绣。缂丝除素地之外，所有花卉图案的部分是没有通纬的。缂丝又不同于纺织面料的织造，不需要整个门幅的纬丝同步往前编织，花与花、色与色之间完全可以根据各个地方的纹案需要，单独断开左邻右舍的牵绊，实行局部独立挑花挖织，以蚕食形的方式，一机多人分别单独缂织。缂丝作品由于完全是平纹组织，所以正反呈现的色彩、纹理一模一样，只是图案和文字的左右方向不同。缂丝织造的繁难和独特，成就了其花卉人物图案色彩、艺术水准等，远胜于其他染织中的织绣产品。

在这里有必要将妆花罗与缂丝之间的误区，加以说明和澄清。妆花罗并不属于缂丝工艺同类，妆花罗织造技艺在我国一度断代，目前吴罗虽已恢复其技艺，但限于纯手工织造，故而生产速度极慢，价格又极其昂贵，所以市场上很难寻觅芳踪，所以大多数人不知妆花罗为何物。更有甚者，在诸多参展作品中，妆花罗也常常被误认为是缂丝，而列入其中进行展示和评奖。实际上妆花罗和缂丝的制作工艺是完全不同的，妆花罗是在很稀疏的罗孔表面呈现彩色的妆花，可以说绞织和盘织花色同步完成，织造技艺更加高超，难度更大，因此也决定了两者迥异的艺术风格。妆花罗的织造纹理虽然没有缂丝呈现的光彩夺目、精细平滑，但是具备特有的雍容华贵、低调奢华，如果把妆花罗误认为缂丝，并且以衡量缂丝作品的艺术标准加以评判，会造成误解，认为妆花罗的艺术水准不够完美，而忽视或降低其艺术作品的存在意义，甚至贬低它不可替代的传统文化价值，乃至影响其织造技艺的传承，显然对妆花罗是极不公平的。

妆花罗，锦上添花插屏

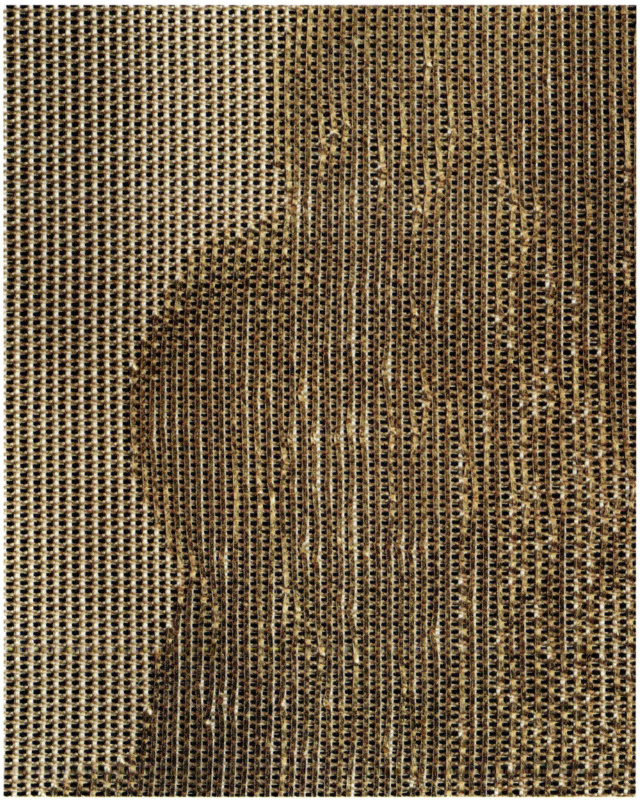

妆花罗

缂丝，茶花蝴蝶图

缂丝，玉堂富贵屏风　仿故宫藏刺绣版本

缂丝，翠鸟莲花图

缂丝，宗喀巴师徒三僧唐卡

缂丝，凤穿牡丹插屏

【拾】

特种吴罗

所谓特种吴罗，是将多种吴罗高难度织造技艺加在一起的复合型罗组织结构。目前，在国内国外能掌握该技艺的人屈指可数，实属珍稀之物。特种吴罗的品种有单层双面异色罗、双层双面异色罗、三层三色双面立体罗、亮地绒圈罗、亮地漳缎罗、亮地异色彩漳罗等。这些品种的结构，完全是在罗组织结构的基础上，融入织锦、漳绒等相关技艺而成，其价值之高，可以用“寸金难买寸罗”来形容，堪称罗中极品，乃丝绸艺术品中的奇葩，王安石《题张司业诗》“看似寻常最奇崛，成如容易却艰辛”之句，用在此处是再贴切不过了。

由于桑蚕丝是特殊的纯天然长丝蛋白纤维，蚕宝宝将毕生积蓄的丝素一口气吐出，其长度可达八九百米，而且中间没有断裂、毛纡和任何杂质，结成洁白无瑕的茧，柔软、韧性兼备，不仅非常牢固，还有较强的弹性和伸缩率。丝绸面料都是采用桑蚕丝高密度编织而成，蛋白纤维具有穿着舒适，吸、放湿性佳等优点，尤其是它的保健功能，是别的面料无法替代的。组成蚕丝丝素的氨基酸共有 18 种之多，与人体皮肤所含的氨基酸基本相同，故而有“第二皮肤”的美称，具有防御有害气体侵入、抵抗有害细菌、预防伤口感染等作用。所以，在冷兵器时代，丝绸还具备一种特殊功能——防刺护身，将领们视其为护身符，上战场前必定在盔甲内贴身穿上丝绸内衣，在两军对阵刀剑箭戈兵戎相见中，一旦被弓箭射中，内衣或可保命。因为即使不幸被弓箭射中，穿过第一层盔甲后力量和速度已大大减弱，作为第二层保护的丝绸内衣能再次有效减少弓箭的冲击余力，随着箭头的转力被绸布卷住而不能直接射穿人的肉体。中箭后立即用手抓紧箭杆连同绸布内衣卷绕包裹住箭头一起拔出，这样箭角不会造成很大的撕裂伤口，箭头上如有毒药也不容易全部或迅速溶入血液，同时还能立刻撕下内衣包扎伤口，避免失血过多而丧

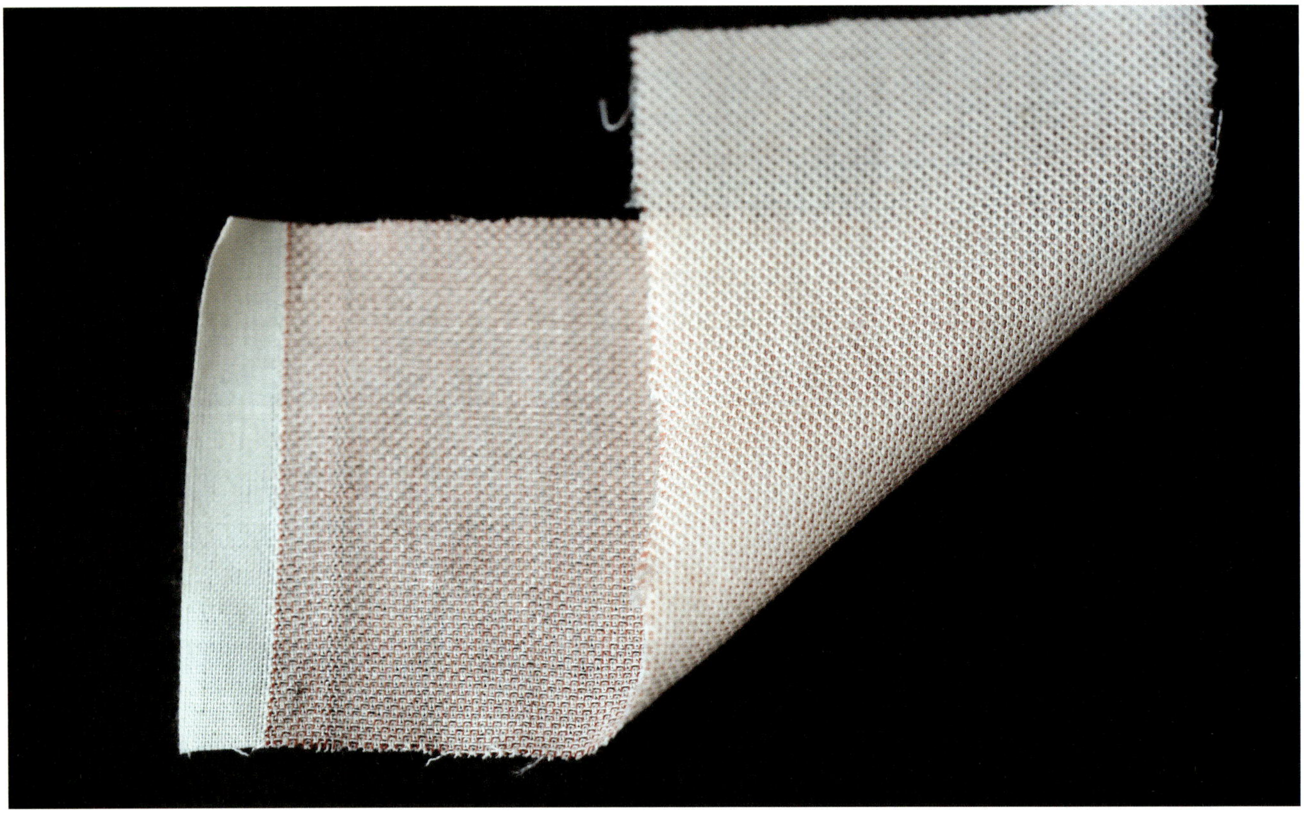
单层双面异色罗实物

双层双面异色罗实物

三层三色双面立体罗实物

三层三色双面立体罗局部

绒圈罗结构图

亮地绒圈罗实物

绒锦罗结构图

绒锦罗实物

命。罗相较于别的丝绸种类，具有更透气、不粘连伤口，从而减轻伤者疼痛，促进伤情快速愈合等优点。

正因如此，在吴越春秋时期，边疆采桑女为争采桑叶而引发村民械斗事件，从而燃起两国战火。当然，战争的背后或许另有隐情，我们暂且不论。然而，在高科技发达的今天，功能性罗织物有其特殊的用途是显而易见的，或可应用于诸多我们未知的高科技领域，比如医疗整容、敷创护肤、航天航海等。

漳缎机后面的绒经架

【拾壹】

吴罗植物染色技艺

吴罗，是极为古老的组织结构，也是较为复杂的染织品种。在古代就有“先见罗衣再见人”之说，其品种奢侈金贵，代表着权力和身份。罗的织造技艺是中华民族不能丢失的宝贵“遗产”，现代人研究罗，往往局限于纹样和织造工艺上。殊不知，作为高级染织工艺品的罗，首先就与色彩密不可分，相辅相成，织造和染色缺一不可。在近代化学合成染料出现之前的两千多年里，一直沿用我国丰富的天然色素进行染色，正是这些纯天然色素，加上传统独特的织造工艺，赋予了飘逸灵动的罗以斑斓绚丽的色彩。

色系的发展与流行

中国丝绸灿若云霞，可以说无色彩不丝绸。吴罗与其他丝绸面料一样，拥有缤纷的色彩。

由于人们是在丝绸锦绣生产中丰富了对于色彩的认知，所以也就自然而然将色彩与丝绸锦绣联系在了一起。尤其是在一些色彩的命名上，更能看出丝绸锦绣对于原初色彩观念形成所起的重要作用。比如红、绿、紫、绛、缃、绯、缁等表示色彩的文字，皆与丝绸锦绣有关。《说文》中就说“红，帛赤白色也”；“绿，帛青黄色也”；“紫，帛青赤色也”；“绛，大赤也”；“缃，帛浅黄色也”；“绯，帛赤色也”；“缁，帛黑色也”。虽然丝绸锦绣并不是提炼色彩的原料，但是人们对于色彩种类的发现和利用，确实与其生产需求有关，故而也就以各种色彩的丝绸锦绣作为标识色彩的文字。同时，在这些标识色彩的文字里，赋予了丝绸锦绣特别的印记。这足以证明，丝绸锦绣与中华原初色彩观念的形成，有着密切的关系。

吴罗的色系，随着朝代的不断更迭而千变万化。秦汉时期，人多以大红大绿的深色系为主流。进入汉代以后，通过丝绸之路对外贸易交流，受西方文化的影响，色彩和款式逐渐变得多样和开放起来。到了唐代，薄、透、露的服饰最具时代特色，受到贵族阶层的垂青，开放程度也达到了前所未有的巅峰，充分体现了中西文化的高度融合和时代强盛的特征。贵族们的穿衣打扮以五彩缤纷的色彩为时尚，从敦煌莫高窟的壁画、唐代仕女图中可见一斑。此时，热情奔放充满吉祥寓意的“中国红”依然是不可替代的主色。

宋代服饰形制和色系却是一改以往风格，变得越发文静典雅。明清时期，以江南文人倡导的雅致生活风情和自然文化艺术的兴起，产生了接近大自然的“红楼”色系，很快传遍大江南北，让人爱不释手，为之痴迷。这些四季分明的大自然色系，足以影响中华优秀传统文化的广泛传播，迎合人们精神世界和生活品质的需求。

吴罗与这些云淡风轻的色彩更是浑然天成，是其他丝帛无法媲美的。因为罗是特殊的绞经织物，丝线经过绳状绞织后，面料表面失去明亮的光彩，特别是满幅的罗孔染色后，最终的色泽呈现出哑光特有的柔美朦胧气息，与大自然的色彩高度契合，含蓄的美丽和内敛的优雅，低调不失奢华，有种“最是那一低头的温柔”之感，诗情画意尽在其中。

《红楼梦》色系中的四种软烟罗色彩

说到吴罗色彩，作为我国古代四大名著之一的《红楼梦》是不能不提的。书中的人物衣着堂皇富丽，满目尽是经典色彩，其中四色软烟罗颇具代表性，并且有着突破性意义。试想，在烟雨江南的大观园里，屋檐下、花树间、假山旁、小溪边，到处可见随风飘然的软烟罗身影，真仿佛置身仙境一般。

《红楼梦》第四十回中，凤姐把一些又轻又软、颜色雅致的罗当成了蝉翼纱。贾母听后笑道：“那个纱，比你们的年纪还大呢。正经名字叫作‘软烟罗’。那个软烟罗只有四个颜色，一样雨过天青，一样秋香色，一样松绿的，一样就是银红的。若做了帐子，糊了窗屉，远远地看着，就似烟雾一样，所以叫作软烟罗。那银红的又叫作霞影纱……如今上用的府纱也没有这样软厚轻密的了……这种软厚轻密的软烟罗用来作被作帐子，试试也竟好。”这个片段，一方面说明了纱与罗粗看特征相近，只是纹理、疏密、结构等有别，就连见多识广的王熙凤也误把那些奇巧品种的罗认作纱。另一方面也说明了罗的特殊性、珍贵性，非一般人能见到或用着的，可见丝绸之中罗的地位之高。同时，也反映了当时的织罗技艺和生产数量已然衰减了不少。

当代染就的柳黄软烟吴罗

软烟罗的四样颜色一直存在争议，我经过深入研究和挖掘，四个颜色终于确定，它们分别是雨过天青（蓝）、秋香色（黄），加上松绿和银红，刚好红黄蓝绿四色。每一色都十分讲究，比如黄色，若似松花般的黄，倒是不配了。下面我们以柳黄为例一起来欣赏连大观园里的“大总管”王熙凤都不知何物、现代人更是云里雾里的软烟罗，究竟是何等模样？

柳黄，中国传统颜色名，因柳芽初生为嫩黄色，故名。《红楼梦》第三十五回，宝玉道：“松花色配什么？”莺儿道：“松花配桃红。”宝玉笑道：“这才娇艳。再要雅淡之中带些娇艳。”莺儿道：“葱绿、柳黄可倒还雅致。”宝玉道：“也罢了，也打一条桃红，再打一条葱绿。”原来，葱绿、柳黄最是雅致的经典配色呢！古代诗歌中也常有歌咏，隋代王胄有“柳黄知节变，草绿识春归”；宋代范仲淹有“梅淡柳黄春不浅，王孙归思满江南”；元代曹文晦有“柳黄鹤袖桃花裙，钗梁研金光射人”，赵孟頫有“楼前山色横翠霭，湖上柳黄飞乱莺”；明代陈裴有“茜红裙子柳黄衣，花间采莲人不知”等。“柳黄”一词迟至隋代诗词中已经出现，宋代出现次数明显增多，到明代已经作为纺织品的色彩名出现，比如陶宗仪在《辍耕录》之“写像诀”记了调制柳黄的简单配方：“凡调和服饰器用颜色者……柳黄，用粉入三绿标，并少藤黄合。”

以桑蚕丝织就的罗是丝绸中的贵族，配上这雅致的柳黄，真让人垂涎欲滴。可以想见，某个早春时节，系上一条柳黄色的吴罗丝巾，徜徉在桃红柳绿的河堤上，柳树梢上初生的芽儿和美人颈间的那抹嫩色交相呼应，瞬间点亮了明媚的春光。

吴罗传统染色的种类和方法

吴罗曾经辉煌过，也沉寂过，如今凭借着自己的独特魅力，重又回到人们的生活中。如今市面上的罗，织造还是原来的绞纱技艺，颜色却不是原来的植物染色，大多使用化学合成染料染色，这种罗，严格来讲已不再是真正意义上原汁原味的吴罗了。

面料染

收藏于苏州博物馆的元代“折枝牡丹花罗”，具有地亮花暗的效果，色调为青绿，雅洁可爱。此色是用鼠李在明矾浴中染得，也可用靛蓝与槐花或黄檗套染而成。具体操作分三步进行，第一步，染色前首先做面料处理。对于绫、罗等轻薄型织物，元代已开始采用过糊工艺，即今日浆丝工艺，如此这般，能够增加经丝的强度，否则对色牢度有影响。第二步，将面料在60℃的热水中浸泡30分钟，再用清水洗涤。第三步，染液加温。根据颜色需要，加入媒染剂，在40℃时放入面料染色，需不断翻动，避免色差。染色时间45分钟，然后清洗、晾干即可。

丝线染

妆花罗，也形象地称之芙蓉妆，指用各种彩色纬线在织物上以挖梭的方法形成花纹。利用绞经技术将若干种彩色丝线通过织罗工艺技术绞织出花纹图案，这种技艺至迟宋元期间已开始应用。织造方法是在地纬之外，另用彩纬形成花纹。这种方法同样可以运用在缎地、绢地或罗地上。施以缎地上，为妆花缎；施以绢地上，为妆花绢;施以罗地上，为妆花罗。妆花配色繁复，最少四色，多至十八色，一般用六到九色，丝线染色，就是根据需要染出数种不同的颜色来。丝线染色的步骤，与面料染色相似。

第一步，先将丝线用温水浸泡30分钟，再下染锅染色。要注意的是，绞丝染色，要不断分开丝线，不停搓揉，避免线与线之间粘连，确保染出的颜色均匀。

第二步，媒染剂需要用水先化开，经滤网过滤再加入染液里，搅拌均匀后方能染色。

对于深色丝线，需重复多次染色步骤，即“染色—媒染—再染色”，直到染成需要的颜色深度为止。

拼色染

植物染工艺与合成染料染色不同，拼色不仅仅是不同染料的比例要合适，还有不同媒染剂的相拼，不同颜色有不同的配色。拼色方法，需要根据具体情况来操作，这就靠平日经验的积累。一般来讲，在染大货之前，先打小样，确定配方后再实施大货染色，避免浪费。

套色染

有些特别的颜色，需要套色染。所谓套色，就是先染一个色，再套染一个色。如绿色，先染靛蓝，再套染黄色；如紫色，先染靛蓝，再套染红色。值得注意的是，前后顺序不能颠倒。还有，不同颜色有不同要求，先染的颜色深度必须合适，否则染不出想要的颜色。

成衣染

成衣染，是将白色的布料做成成衣，然后再染色的方法。可手工染色，也可在砂洗机里染色。相对于布料的卷染，难度要大一些，成衣与染液的浴比是1 ∶ 50，温度和时间不变。对于吴罗而言，还有生丝与熟丝的区别。有的布料是生丝织造，有的是熟丝织造，还有是生丝与熟丝交替织造。使用植物染色时，生丝上色快，颜色略深，熟丝反之，这点需加以注意。

吴罗常用的主要植物染料

天空的七彩云霞，大地的五彩花树，大自然的种种美丽颜色，使古人产生无限灵感，把它们用于素底布料的染色，美化生活之外，更是达到了以色彩来区分贵贱贫富的目的。

红色植物染料

清代丁佩《绣谱》说：“颜色中之极绚烂者，红是也。

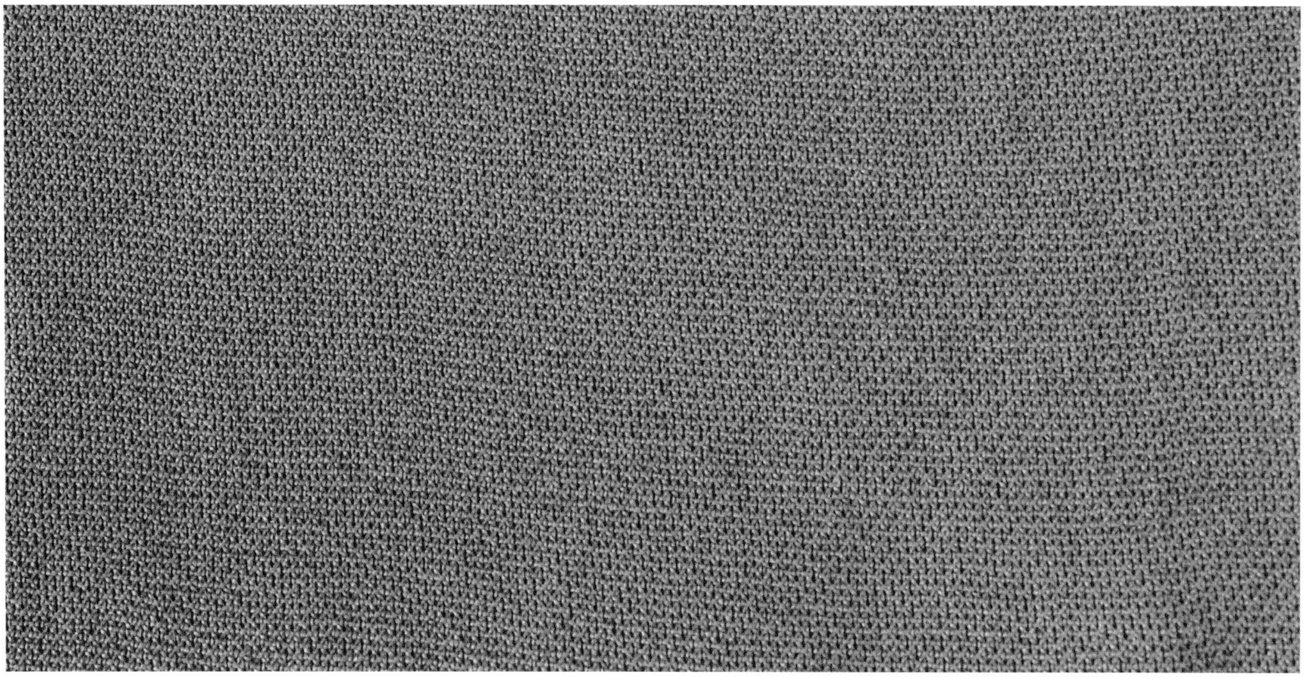

秋香

松绿

银红

雨过天青

秋香、松绿、银红和雨过天青四色面料

极贵重者，亦惟红。万绿丛中一点红，能令诸色增丽。亦惟此色先褪，便觉全幅黯淡无神……自大红至极浅之色，几与白相类者，可分作九种。大红可当朱砂，次则可当洋红燕支，又其次则粉红也。由深而浅，由浅而白，亦犹画家之渲染耳。朱与红有别，今则悉呼为红，故不另判一色矣。”

红色染料植物中有茜草、红花、苏木和粗糠柴、薯莨等。除此，由黄荣华先生研发的红色系染料中，还有冬青、荔枝木、龙眼木、水冬瓜、大血藤等十几种。另外，昆虫类染料又有胭脂红、紫胶红。还有其他染料，如莲蓬、大血藤、鸡血藤、粗糠柴、龙眼树、紫檀木等均有此效果。

值得一说的是，吴罗面料一经薯莨染色，其优点立即提高数倍，尤其是容易纰裂的纱罗面料，通过此方法染色后，不仅牢固得多，而且夏天穿着格外清新健康。如果不信，我们一起来看它的染色原理和过程。薯莨为薯蓣科植物薯莨的干燥块茎，块茎除药用外，富含的鞣质可提取薯莨胶，用以染制广东名产香云纱、黑胶绸以及渔网等。关于为何用薯莨染渔网，清代李调元《南越笔记》说：“薯莨胶液本红，见水则黑。诸鱼属火而喜

植物染素罗汉服（选自《中国艺术报》）

菱纹罗香云纱正反面

香云纱反面

水，水之色黑，故与鱼性相得。染罛罾使黑，则诸鱼望之而聚云。”

薯莨可以直接染红色，无须使用任何媒染剂，便可染得浅红到砖红色不等。香云纱，是莨纱、莨绸的总称，这个特殊品种，只产于广东省的佛山地区。它是以桑蚕丝织成的提花纱罗织物为主要坯绸，利用薯莨茎块的液汁（含有凝胶与单宁酸），将炼熟的纱罗与液汁放入锅里煮炼，并多次晒涂于纱罗面料上。织物晒干后会黏聚一层手感很硬的棕黄色胶状物，然后把织物平摊在草坪上，再用含有氧化铁的河泥均匀地涂抹在面料表面。经过不断反复的日晒、洒水，在化学反应下，让其中的黑色元素逐渐渗透进丝素里，经砂洗后，胶状物正面呈现出乌黑色，而背面仍然保持品质优良的棕黄色。莨纱的手感挺、爽、柔、润，具有防水、耐晒，可水洗、易干，牢固、耐穿等特点，是数百年来我国南方普遍使用的夏季服装面料，并出口东南亚各国。但是，世事的变迁往往不尽人意，20 世纪初爆的发世界性经济危机，也波及我国的丝绸业，广东的香云纱也不例外，市场销售和生产企业都受到了前所未有的沉重打击，每况愈下。

薯莨煮染、晒莨的主要工艺流程如下。

首先做好纱罗面料开剪、缝头的准备。

其次浸莨水 1 次 ~ 晒莨 ~ 洒莨水 6 次 ~ 封莨水 6 次 ~ 煮绸 1 次 ~ 封莨水 12 次 ~ 煮绸 1 次 ~ 封莨水 1 次 ~ 卷绸。

再其次过河泥 ~ 水洗 ~ 封莨水 1 次 ~ 摊雾 ~ 卷绸。

最后检品整理码尺、成品入库。

其中的浸、洒、封、煮、水洗等操作过程十分繁复，特别是每次都要将织物平摊在草坪上晒干，重复做许多遍才能完成。所以，在正常情况下，加工的香云纱成品，需要一年多时间才能进入市场销售。这种古老特殊的制作工艺是绝无仅有的。

蓝色植物染料

我国古代所用的蓝色调染料，是由蓝色染料植物（通称蓝草），萃取的泥状物进行染色，染出带有青紫味的暗青色。自然界这类植物很多，是天然染料中最重要的色素之一。蓝草所含的靛质，称为靛蓝，靛蓝主要有菘蓝（又称茶蓝）、蓼蓝、槐蓝（也称术蓝）、马蓝（四川还称大青叶）等。它们都含有靛蓝素，是典型的还原染料。

“青取之于蓝而胜于蓝”，指的就是靛蓝染色，有着极其悠久的历史和广泛的应用。《诗经》记载的“终朝采蓝，不盈一詹”，这里的蓝，有学者认为是指蓼蓝。蓼蓝叶中含蓝甙，从中可提取靛蓝素。蓼蓝叶浸入水中发酵，蓝甙水解溶出，再经空气氧化，就结合成靛蓝。有学者研究后认为，古代用蓝草染色，最初是揉染，即把蓝草叶和织物揉在一起，揉碎蓝草叶，液汁就浸透进织物了；或者把织物浸入蓝草叶发酵后的溶液里，然后晾在空气中，织物也能上色，这是鲜蓝草叶发酵染色法。

靛蓝是靛系还原染料，它本身不溶于水，因此不能直接上染纤维，必须在碱性溶液中经还原剂还原，变成靛白隐色体方可。上染后经空气氧化，又变成不溶性靛蓝，而固着于纤维。所以靛蓝染色产品的水洗和日晒牢度尤佳，摩擦牢度略逊。由于靛蓝对纤维亲和力小，无法一次染得深色，为了获得较深色泽，必须重复几次或较长时间进行染色，才能得到理想的深色。靛蓝染色还原方法很多，但我国古代普遍采用酒糟、石灰发酵方法。由于发酵产生了新生态氢，使靛蓝在碱性溶液中还原成靛白隐色体而上染纤维，经充分浸透后取出暴露于空气中，则纤维吸收的靛白被空气氧化而变成不溶性靛蓝。人们用不同的靛蓝染成深浅各异的蓝色，如月白、天青、天蓝、毛蓝、艳蓝等。在织物上染得不同深浅的蓝色后，若再用槐米、栀子等黄色植物染料进行套染，又可以得到各种不同色光的绿色。

由于靛蓝色泽浓艳，牢度又非常好，所染之蓝色，几千年来一直受到人们的喜爱，我国出土的历代织物和民间流传的色布、花布手工艺品，都可以看到靛蓝朴素优雅的色泽，至今在一些地方仍保留这项传统的染蓝工艺。

黄色植物染料

黄色染料被广泛应用，其色系的色相很多，常用的有栀子、槐米、黄檗、柘木、洋葱皮等。

栀子的果实含有一种天然黄色素，自古以来就被作为染布的染料，秦汉时期十分盛行。《史记》《神农本草经》等均有相关记载，明代李时珍《本草纲目》也说栀子是染材。实际染出来的色相，较为鲜艳，且染色程序也较简便，只要使用热煮法就可以萃取色素。另外，栀子也是古代极为重要的经济作物，可用于食品色素或作为绘画颜料。槐米，其干燥花蕾和花，呈灰黄色，以水煎汁，随浓度变化而得之深棕至浅黄色液体，很早就用作染料。与栀子不同的是，槐米染色需要借助媒染剂，染黄色主要用铝媒，成品呈现带绿光的鲜黄色。

黄檗的茎可制黄色染料，是植物染色材料中唯一含有盐基性色素的染料。还可使用其树皮，以高温热煮法加明矾媒染，可得略带绿色的沉稳黄色。另外，富含小檗碱的黄檗树的芯材，经过煎煮以后，也可以直接染丝帛。小檗碱属碱性染料，用来染丝绢、羊毛等动物纤维很适宜。由于它染色方便，小檗碱又具有杀虫防蠹的效果，在丝绸染色中有着不可替代的重要地位。

柘木，在我国古代属于著名的贵重木料。柘木染出的色彩叫“柘黄”，是自隋唐以来帝王的专用服色，故而皇帝所穿的皇袍也叫“柘袍”。《唐六典》称“ 自隋文帝制柘黄袍以听朝，至今遂以为市”。《本草纲目》也说：“其木染黄赤色，谓之柘黄，天子所服。” 因其染出的织物在日光下呈现带有红光的黄色，在烛光下呈光辉的赤色，其色彩之炫目，富有高贵神秘的迷人气息。

洋葱，因冠以 “洋” 字，容易让人联想到是从国外移植而来，其实洋葱的祖籍在我国。因这种葱的地下茎可供食用，色皮嫩黄像玉，故又称“玉葱”。葱岭一带生长的玉葱，后来流传到印度、阿富汗、希腊、罗马等国，当传到日本时，被日本植物学家定名为洋葱，而且很讨洋人喜爱。洋葱皮色黄、色深、浓度高，丝线上染率极高，无论是直接染色还是通过铝媒，都有较好的效果，同时色牢度也不错。

黑色植物染料

黑色在古代大都作为平民服色，染料植物主要有栎实、橡实、五倍子、皂斗、柿子、冬青叶、栗壳、莲子壳、鼠尾草叶、乌桕叶等。它们均含有鞣质，和铁盐作用呈黑色。战国末期荀子在《劝学》中所说的“白沙在涅，与之俱黑”，涅就是硫酸亚铁，古时又称青矾、绿矾，用鞣质染过的织物再用青矾，就会“与之俱黑”。其他如柞、石榴皮等，在我国农村也曾被长期用作黑色染料。一般染黑色不是单个染料就能一次成功的，往往需要二至三个染料按不同的配比才能染就。我国古代黑色植物染料种类有很多，以皂斗的应用历史最为悠久，古人从皂斗壳底部提取染料，专染黑色，如皂衣、皂巾、皂丝、皂靴、皂盖等。皂斗含多种鞣质，属于可水解类，首先与铁盐在纤维上生成无色的鞣酸亚铁，然后被空气氧化成不溶性的鞣酸高铁色沉淀，所以染色牢度非常优秀。各种鞣质，用铁盐媒染大都可得黑色。

茶色植物染料

茶色，俗称土色，主要来源于茶叶染料。色彩包括土黄、卡其、浅咖啡等相近色。在合成染料染色中，茶色是拼色出来的复合色，需要多种染料相拼才能得到。但在天然染色中，茶色只需茶叶即可染出。从茶叶中提取的主要成分茶黄素、茶红素和茶褐素，均是以儿茶素为主的多元酚类物质，经化学结构转化而成的水溶性天然色素。

简而言之，绿茶可以染出黄色、卡其、茶灰等；红茶可以染出土黄、深黄、黄咖啡等。几乎所有茶叶均可做染料，以普洱茶的色泽最深。由于茶叶富含抗氧化剂，各项牢度均佳，就日晒牢度来说，可以达到4　5级。而且，茶染的桑蚕丝，色泽自然，堪称完美。

其他植物染料

其他植物染料及其间色有紫色、绿色等。紫色植物染料的紫草，生长于荒山、田野、路边和坡地灌木丛中，染色成分主要为紫草宁及其衍生物，其中以乙酰紫草素含量最高。但是，紫草宁必须加媒染剂方可使丝、

三经绞罗面料

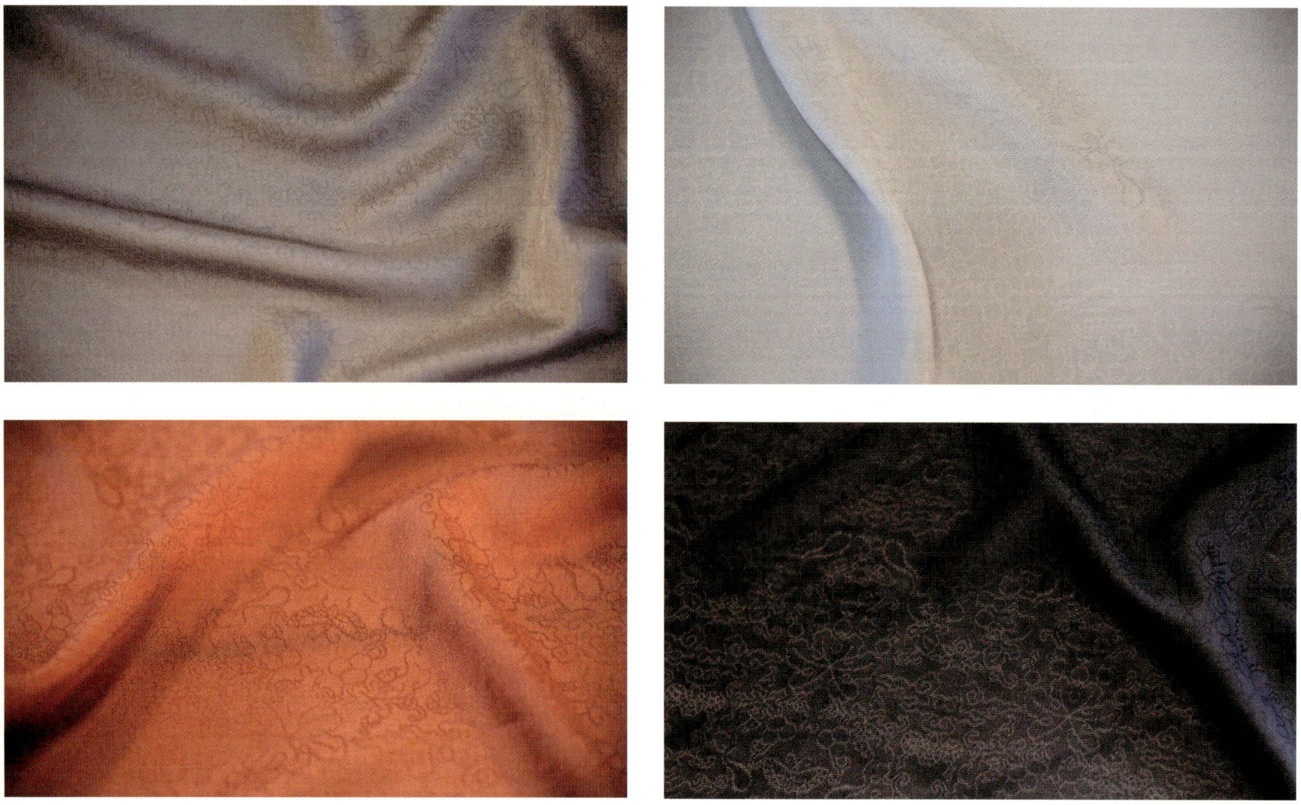

松鼠葡萄纹罗

蝴蝶纹罗

蝶恋花罗

菱形纹罗

牡丹花罗

部分染色的吴罗面料

部分染色的吴罗面料

毛、麻等纤维着色，紫草加木灰和明矾媒染，可得紫红色。其他紫色染料还有紫檀（青龙木）、野苋、落葵、紫甘薯等。

绿色植物染料的冻绿，是古代为数不多的天然绿色染料之一，为此国际上将其称作中国绿。染料色素成分存在于嫩果实和叶、茎之中，故而用冻绿染色时，用其嫩的果实或茎枝表皮，在水中煮沸制成染液，然后将织物放入其中浸透，拿出晾在空气中，随即织物逐渐呈现绿色。如果重复将织物浸染，可得较深的绿。也可以采用直接法在弱碱性浴中染棉和丝绸，还可以在弱酸性浴中采用还原剂进行还原染色，就能得到带有蓝光的绿色。用冻绿植物染料染得的织物，色牢度好，尤其是丝绸制品，具有良好的耐光、耐酸、耐碱性。另外，传统意义上的绿色列为间色，也就是利用蓝草先染，后用其他黄色染料，如栀子、槐米、柘木等复染而成。其他可做绿色染料的植物还有石榴皮、葎草、艾草、丝瓜叶等。

以上列举的植物染料仅仅是吴罗众多染料中常用的一小部分，据我长期实验，可用于染色的植物染料多达数百种，这里就不一一列举了。

如今的苏州丝绸，与百姓生活依然密不可分且关系越发密切，仍保留着十分丰富的丝绸织造资源和历史文化遗存。尤其是吴罗织造技艺，能传承下来并发扬光大，实属难能可贵，无论从哪方面讲，都是一笔不可多得的宝贵财富可以向世界诉说千年古城“丝绸之府”的过去、现在和未来。

罗织天下

吴罗织造技艺部分制作流程介绍以及织机的研发创新

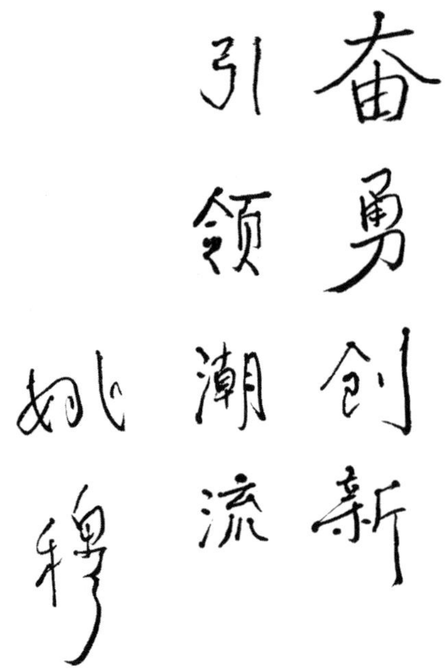

姚穆院士题“勇于创新，开拓前进”

人类原始发明和物质财富创造，总是与人类的生存和生活息息相关，并逐渐自简至繁一步步发展。我国纱罗绞经编织技艺的产生和纺织机具的发明，也是如此。数千年以来，对设备、装造等方面的研究、改进、创新，始终是人类对罗织物发展的原动力，也是纺织人在传承和研究中的一个重要课题。吴罗织造技艺根据现代生活需求，对现代化生产设备进行了全方位创新研发，彻底突破和颠覆古老落后的传统织造技艺，在确保传统纱罗风格和织物结构绞经原理等原始基因不变的前提下，实现了全新的机械化、自动化、智能化织造模式，使古老的吴罗织造技艺得到了较好的保护和传承。

关于机械化、自动化、智能化织罗设备，在这里需要做一点说明，虽然我们已经生产出了产品，但是鉴于种种原因，尚未对外公开，更没有申报丝绸新产品专利。总之，可以骄傲地说，吴罗在创新发展的织罗领域，已达到国际先进水平，真正意义上实现了吴罗织造技艺的文化传承和科技发展齐头并进，积累并完成了罗的各种组织结构的复原和创新。下面我将吴罗织造技艺中部分制作流程介绍以及织机的研发创新，与大家交流。

【壹】

吴罗组织结构的秘密

罗的组织结构，是众多纺织丝绸中难度最大、变化最多、也最复杂多变的，它通过各种穿综工艺、软综装造和经纬丝线的不同系数，在不同的起脚工艺中，产生千变万化的不同风格。通过织造后，在罗的面料上显现各种不同的椒孔，这些椒孔的产生不但实现了经纬结构的稳定性，其丝线与丝线相绞后形成的无数个立体旋转的微型世界，还能一边散热透气一边让微风吹入，其凉爽舒适、柔软轻盈的体感让人觉得无比幸福和快乐。不仅如此，贴身穿着罗衣，织物的绞经组织形成的一个个小小颗粒，在行走或运动时与肌肤摩擦，日复一日，年复一年，可以起到活血通络的奇妙作用。这点，恐怕是罗结构最大的秘密之一。同时，罗也能为秋冬御寒的外衣增添丰富多样的缤纷色彩和典雅迷人的高贵气质，比如妆花罗，就是绸中之王，锦中之冠，任何面料都无法比拟的极品面料。

数千年来，罗的神秘色彩和织造工艺让人不可思议，如已经将蚕桑丝织技艺列入世界非遗名录的杭罗和我国最古老的吴罗四经链式罗。

罗的结构有无数种，精深复杂的也有不少，四经绞罗的织造虽然比较难，但也算不上最难最复杂的。在长期实践中，让我真正感受到难度最大的要数结构特别复杂的绒锦罗了，必须在同一块面料上一气呵成，同步织出罗和缎的地纹风格，既有彩色的花卉又有丰满的毛绒，既显现出织锦的华丽又显示漳缎的图案。与之相比，中国、日本、韩国、印度等生产的二经绞纱罗，苏州产的三经、四经、多经双股绞的素罗、花罗、妆花罗等简直是小巫见大巫。我在几十年的实践中，因为是自己非常喜欢做的事，所以不厌其烦愿意一遍遍地研究和实践，对吴罗的组织结构作了一些功课，并在生产过程中做了大量研究和探索，对各种罗的实样和织物结构也做了一些分析和试织，甚至发现了比四经绞罗更有价值的罗。

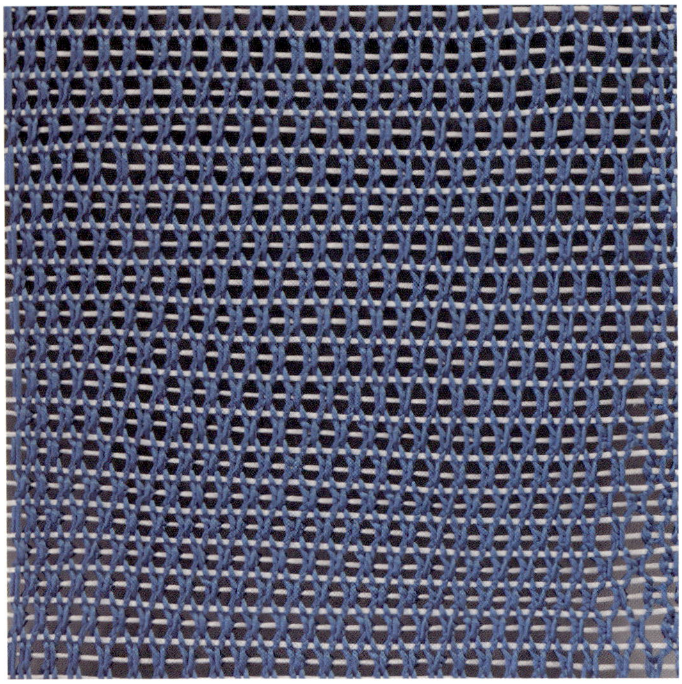

四经绞素罗结构图

三经一纬连环罗结构图

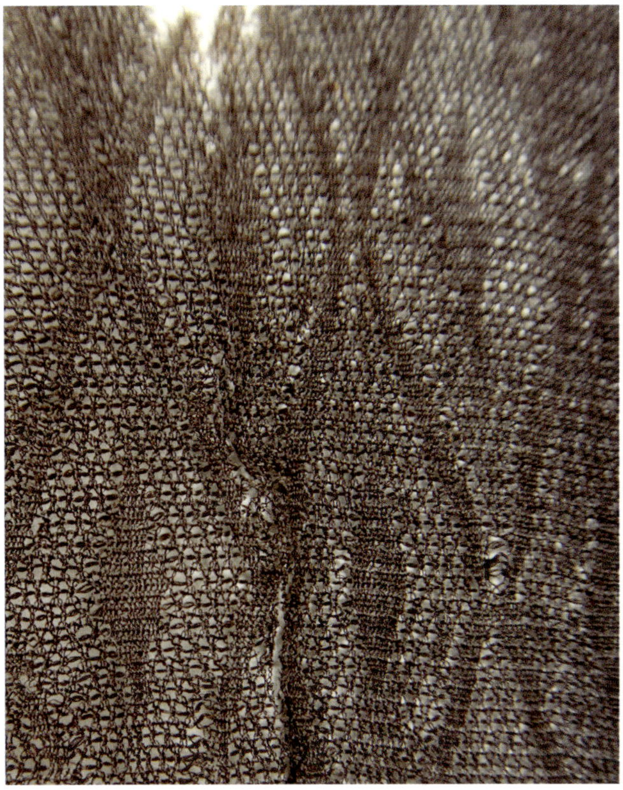

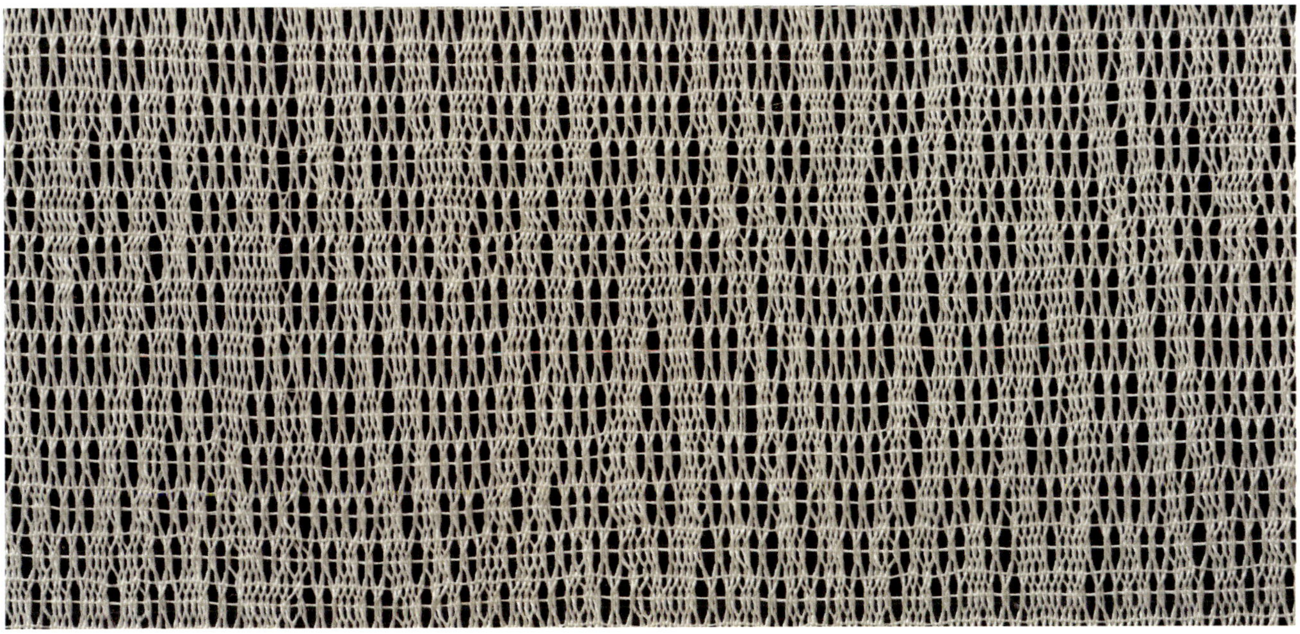

四经链式罗实物纹样古今对比

【贰】

织罗器具的演变和创新

搓绳编结、纺纱织布自然少不了纺织设备(机具、器材)的发明和创新,现如今随着我国纺织考古的悄然兴起,逐渐形成了一部中华纺织上下七千年的科技艺术发展史。从出土的新石器时代的纺织器具来看,我们的先民早就使用织造工具了,在漫长的岁月里,经历了从原始腰机到多综多蹑织机到斜织机到束综提花织机等的改革进程。在纺织设备的不断演变中,工匠们创造了成千上万的纺织品种和光辉灿烂的纺织文化,其意义和价值不可估量。

中华古织机的作用和意义

从最初的原始腰机到可以生产各类纺织产品的纺织机具,通过经纬线的不断交织,织出了中国乃至世界的古老文明史。甚至有人说,织机文化就是纺织业的母体文化,在此基础上繁衍出无数个子文化。

2009年9月,“中国蚕桑丝织技艺”被正式列入联合国教科文组织公布第四批“人类口头和非物质文化遗产代表作名录”。这一遗产的内容不仅包括种桑、养蚕、缫丝、染色和丝织等一系列每个环节的生产工艺,还包括各类丝绸产品以及由此衍生出的各类相关民俗活动。于是在太湖流域江浙一带和四川等地,有条件的地方纷纷成立蚕桑丝绸文化产业园。蚕桑是丝绸的原料,是丝的品质保障,而把丝做成丝绸则需要织造。古代丝绸中的十四大类,就是通过各类织机去完成的。

散落在各民族地区山里乡间的织机不计其数,造型不同且各具特色和功能。曾几何时,家家必备的古织机、老梭子、器具等,仿佛是日常生活的组成部分,织布的场景自然而然成为每天劳作的一个缩影,这是民间普通百姓自给自足的生活方式。目前我国边远地区的少数民族仍在使用原始类的

罗织机

夏布机

雕花织机

缂丝机

竹笼机

老官山蜀锦提花机

漳缎织机

腰织机

立织机

梯架式织机

丁桥织机

云锦织机

宋锦织机

织机，进行打纬挑织，织出来的锦丰富多彩。但是会织作的仅局限于五十岁以上的妇女，年轻人多已汉化，除了盛大节日身穿民族盛装载歌载舞外，掌握古织机技艺的人越来越少。

就全国各大城市而言，历史上几乎都存在并且使用过织机，但随着社会的发展、生活水平的提高，织机大多被付之一炬。幸好有些古织机爱好者历经数十年的走访、征集，通过拍照、测量等方式保存数据，复原了各地区的部分织机，抢救保护了一些古老的织造技艺。同时也庆幸，近年来在全国掀起的传统文化复兴热潮，使得织布机的表演和展示也能时常出现于展会和商场。如南京的云锦，苏州的宋锦、漳锻、缂丝，四川的蜀锦，广西的壮锦，海南的黎锦等，以及其他少数民族的侗锦、傣锦、土家锦等。一台织机反映了一个地方的文化特色和人文风情，假如将这些地方的各种织机全部汇聚起来，那么就好似一座国家级纺织文化和丝绸文化的博物馆。无论何时，织机与我们的生活密不可分，不管现代的织机发展得如何高端先进，其原理是亘古不变的，都是从古代演变而来，何况许多织物还必须通过古织机去再现。所以，我们应当饮水思源，古为今用，珍惜每一台古织机。

古织机在当今的文化现象

古织机在当今的运用和作用不可小觑，实际应用范围广泛，主要表现在以下几个方面。

首先，具有陈列展览功能。例如，2005 年古织机和模型在苏州平江路老街展览，整个街区的居民扶老携幼，纷至沓来；专家学者闻讯而至，现场探讨；苏州各大媒体纷纷报道“万户机杼重现平江路”等。一时间，一台古织机轰动一座古城。短短几天，参观人数数以万计。而四大名锦的报道，则被央视《朝闻天下》播报。又例如，2007 年 6 月，在中国第二届非物质文化遗产月中，一组古织机模型登上了北京中华世纪坛，有关教授、专家观后激动不已，回去进行了热烈的讨论。另外还有，古织机在上海、北京等大型展会以及世界各国科技巡回展上，引起社会各界的广泛关注和极大反响。

其次，具有教育模具功能。织机在专业的场所，如博物馆、大学课堂等，展示其学术性的严谨以及作为对教材的辅助说明。在中国纺织史上还起到实物档案的作用，中国丝绸档案馆征用的织机和模型，在国内外进行展示和宣传，收到事半功倍的效果，就是典型的例子。还有中国农业博物馆、上海东华大学、上海博物馆、浙江理工大学、苏州丝绸博物馆、江苏苏州十中（织造署遗址）等，也展示了织机和模型，形象而直观。

再次，具有品牌宣传功能。丝绸企业为达到推广和销售的目的，以建馆和展会的形式，展示古织机。并用古代织机现场生产具有手工面料，这在全国无论厂家还是店铺，都起到了意想不到的效果，真所谓文化推动了企业。

最后，具有旅游开发功能。在景区设立现场手工表演，一则提高人气和知名度，另外还能推动商品的销售，用织机制作旅游工艺品，如宋锦、缂丝、刺绣、土布等，做成衣服、包类、镜框等展示，游客买了可以用来馈赠亲友或收藏留念等，都具有现实意义和文化价值。以古织机为载体，设立科普基地与国内纺织院校对接，进行学术科研探讨，对学生进行培养和传承的教育。凡此种种，举不胜举。

综上所述，从蚕桑和织绸的大力发展，可见古织机所起的至关重要的作用，毫无疑问，它是中华耕织文化的实物载体。

原始腰机的起源和发展

纺织的起源和发展离不开纺织设备，人类从最初的手工编织，将经线两端分别系于两根木棍，其中一根木棍固定在树桩上，另一根系于腰间。骨针和骨梭是当初穿梭引线的工具，骨针是用兽骨磨成条形，长约 15 厘米、直径 0.4 厘米；骨梭则用鸟类肢骨磨成，梭头尖、体中空、尾部有孔。在排好的经线中用骨梭交叉穿梭，如此便可织出大块的织物。随着人类对纺织物的质量、织布效率等要求越来越高，发明了“腰机”，就是将系有经线的木棍一端绑在腰间，另一端木棍用双足抵住，这样更便于操作。从云南晋宁石寨山出土的青铜贮贝器盖上，能见到身系腰机从事织造的妇女。可见，早在新石器时代早期腰机就已经出现。

古老的劳动工具和纺织设备，也随着历史发展的脚步走过了数千年的历程。纺机设备也随着生活的需求，逐渐更新和演变。首先在原始腰机的基础上产生了脚踏式的综蹑织机（四川老官山出土）和多综多蹑的提花织机。然后根据多片综框的提花原理，又发明了更为科学的束综即榫卯结构的小花楼、大花楼提花机。有了束综提花织机后，再把多综多蹑织机又简化为综片较少的传统素式织机，专用于不起花的素式产品织造，由此分出了素机和花机。普通织布机所织布料，供平民百姓日常穿戴使用；花楼织机则织造宫廷用品，为皇家服务。

随着织造机具的发展，腰机依然有它的用武之地。明代宋应星《天工开物》之“腰机式”说：“凡织杭西、罗地等绢，轻素等绸，银条、巾帽等纱，不必用花机，只用小机。织匠以熟皮一方置坐下，其力全在腰尻之上，故名腰机。普天织葛、苎、棉布者，用此机法，布帛更整齐坚泽，惜今传之犹未广也。”这种腰机的主要工器具，分别有前后两根木棍，相当于现代织机上的经轴和卷布，有分经棒（稿棒）、挑花刀、提综杆、提纹（花）杆、清口打纬刀和引纬的梭杼等。织造时织女席地而坐，双脚挺住经轴棍，一端卷布棍扎在腰间开始提综编织。织到一定数量后卷入卷布棍，放出腰与脚之间适量长的经线再进行编织。如此不断往复循环，直到完成布匹需要的长度。海南黎族，至今还较为完整地保留着这种机具和编织技艺，继续为自己和家人织造日常穿着的黎锦面料。

腰机与罗的织造

随着原始社会的文明进步，人在正常情况下，可以三天不食，但不可一日无衣，三日空腹安然无恙，一日无衣寸步难行。故而衣食住行，衣为首。

原始腰机，不但可以织简单的素式品种，也可以通过挑花或软综提花的方法织出简易的几何纹面料。从新石器时期至殷商时期出土的提花纹锦中，主要有山形纹、菱形纹、回纹等组织结构，这类织物在商代被称为商绮。这种挑花织造方法的创新，为我国花、素织物品种的发展跨出了一大步，也为提花织机的发明创造奠定了良好的基础，同时罗纹织物的织法也得到了进一步提高。

在清末之前，我国的纺织设备基本都以榫卯结构的木质机具和线综、绳索、竹木器材为主，纺织设备长期落后于世界发达国家，罗的特殊绞经织造技艺，更是无法摆脱传统的木机、软综器具和纯手工操作的生产模式。直到近现代，有些产品还必须在沿用数千年的传统设备上织造，无法用机电设备替代，如妆花产品的挖织、四经链式罗、漳绒罗、漳缎罗、绒锦罗、缂丝等。但是，这并不能代表其他品种不能实现机械化、自动化和智能化生产。

腰机操作图

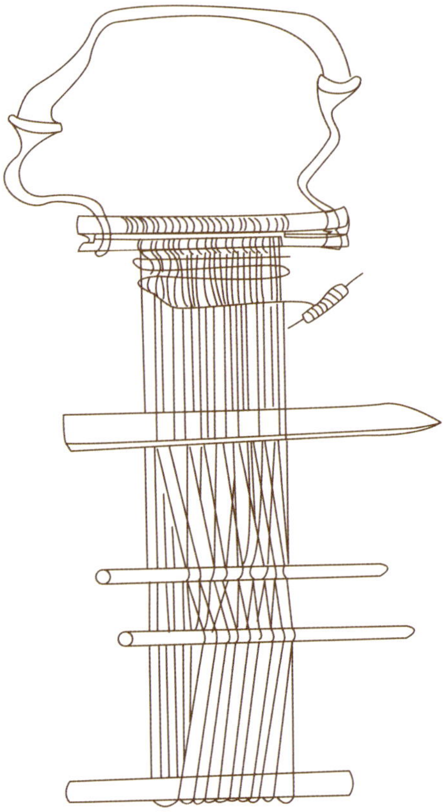
原始腰机示意图

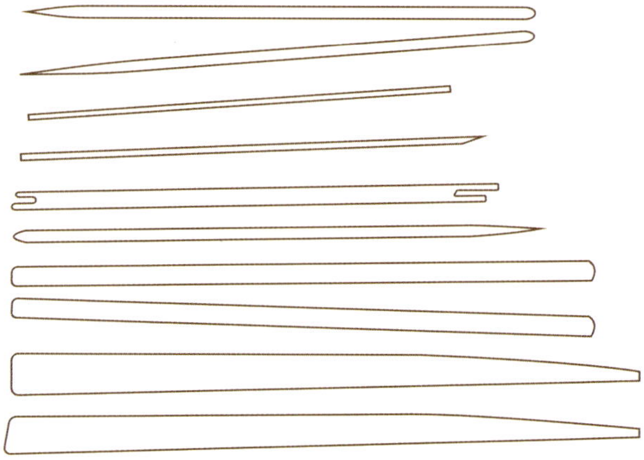
器具

腰机半综织造工艺示意图

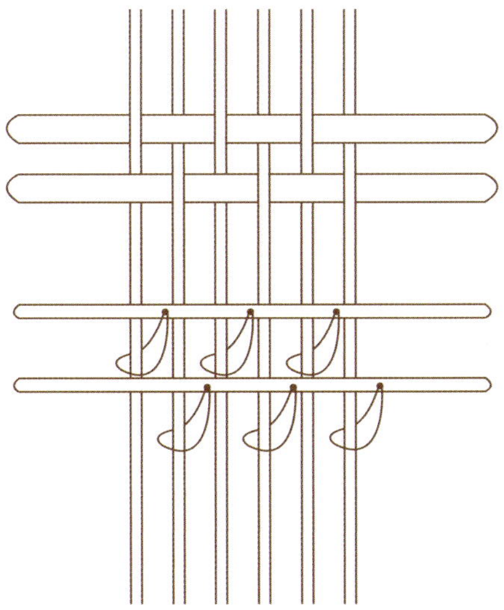

上开口平纹穿综示意图

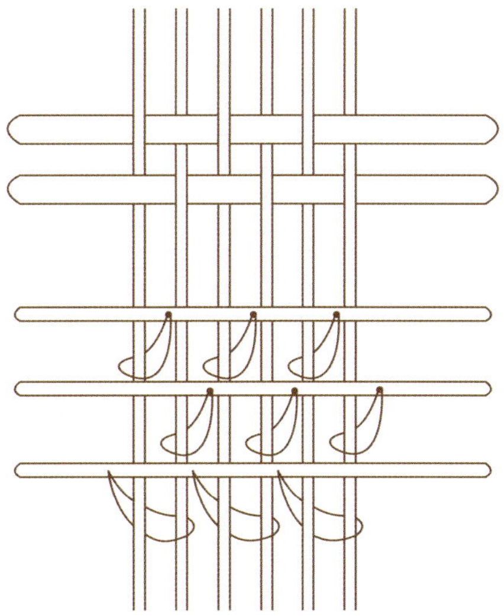

纱罗穿综示意图

十二章团花黎锦

【叁】

吴罗织机与纺织设备

纺织的首要条件是设备，它是纺织的源头和原动力，更是灵魂。下面，就让我们一起探索吴罗织造技艺与纺织设备。纺织机具的产生，开辟和加速了纺织产业链的形成和发展，也是罗纹织物必不可少的工具。罗在古代，使用任何一种织机都能实现织造，并不需要专用的罗织机。如果要织罗时，只需在普通织机上进行重新改机装造，根据罗织物的绞经结构和纹理，增加部分绞综器材（软综），同时改变穿综方法和纹织工艺，如此便能织出珍贵的椒孔罗纹面料。因此，织罗在纺织设备上没有特殊的要求，只有手工织机与机械织机之间的不同，以及素罗和花罗风格的区别。除此之外，并无太深的奥妙可言。

原始脚挺手提式罗织腰机的诞生

勤劳聪明的先民，根据生活所需，制作了骨针、石椎、竹竿、砟刀等原始工具，采用野生葛、藤皮、麻类等纤维编织布匹。从手工搓绳编结到双棍脚挺手提式腰机，这种原始纺织机杼的产生，可视作我国第一代纺织机的问世。与此同时，罗的原始绞经扭绞编织技术也应运而生，出现了用于捕鱼、抓鸟、狩猎的工具——“网罟”。绞经编织物最初目的并非穿着，后来随着织机的产生和人们对纺织材料中的麻、木棉和野蚕丝的逐渐认识，再到用罗面料制作各种服饰，也就水到渠成了。

三国时期魏国扶风（今陕西兴平）人马钧，是中国古代科技史上大名鼎鼎的机械发明家之一，设计制造了多种机械。比如，他将绫机统一改作 12 蹑控制 60 片综，简化了织机的操作方法，使得织造的工作效率大大提高。

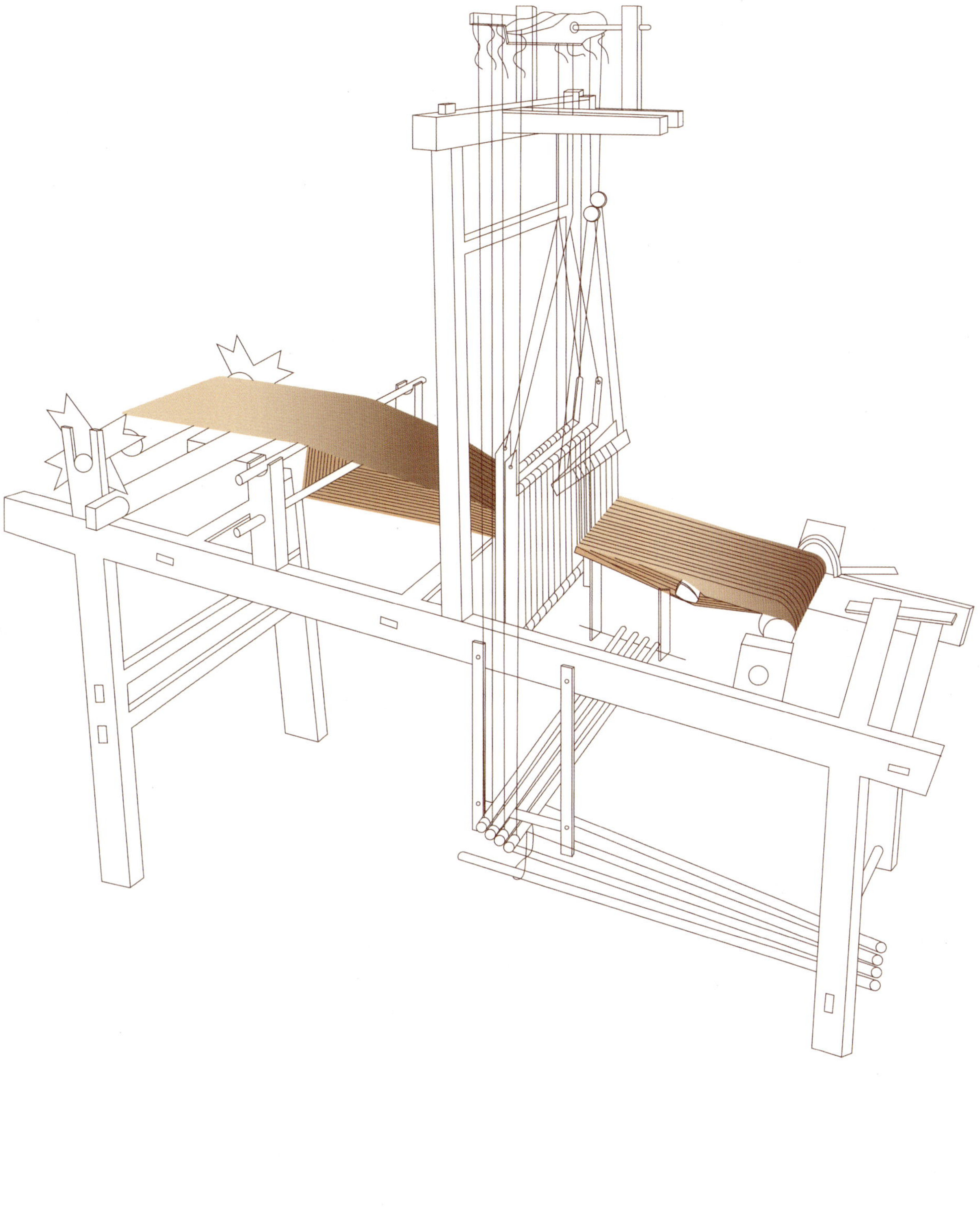

素罗织机示意图

素罗织机

素罗织机链接传动系统

罗织物的绞综装置以及器材的制作

罗与其他丝绸或纺织品在织造中的最大区别，首先是在织机内脏装造中增加了一道绞综装置，其次是穿综工艺和器材的安装位置，再有经丝张力的力学原理等使用方法，这些都是生产罗织物必须具备的先决条件。在织机和前道设备上，并没有太大的限制，目前在绞综装置方面，有部分器材可供大家参考。

古往今来的织罗器材，绝大部分都是采用软综线来制范头，其材质基本上以丝线和现代粗细不同规格的尼龙线为主。在新型的机械、电子罗织机上，开始采用新研发的绞综器材，有软综线与钢综组合的、塑钢片组合的、金属丝制作的新型绞综器材。所有绞综的制作和使用，必须根据不同的罗织机设备，不同的罗纹组织结构，不同的经纬密度，不同的花、素织物风格，来决定选用什么样的绞综器材和方法，自制或采用适合生产使用的、不同款式和软硬绞综装置 。

下面，简单介绍几种绞综器材及其材质的示意图。

半综范头的制作和使用方法示意图

半综绞经装置示意图

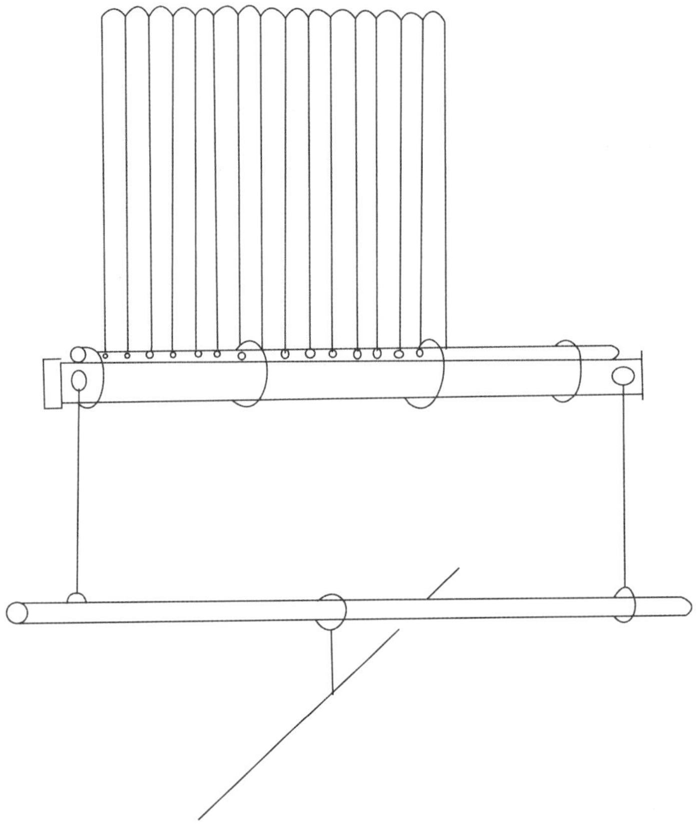

下开口半综示意图（上开口相反）

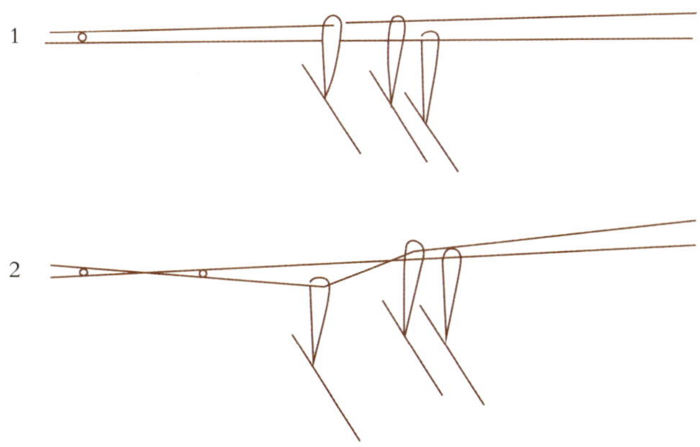

穿综及工作原理图

半综上开口链式罗穿综工艺示意图

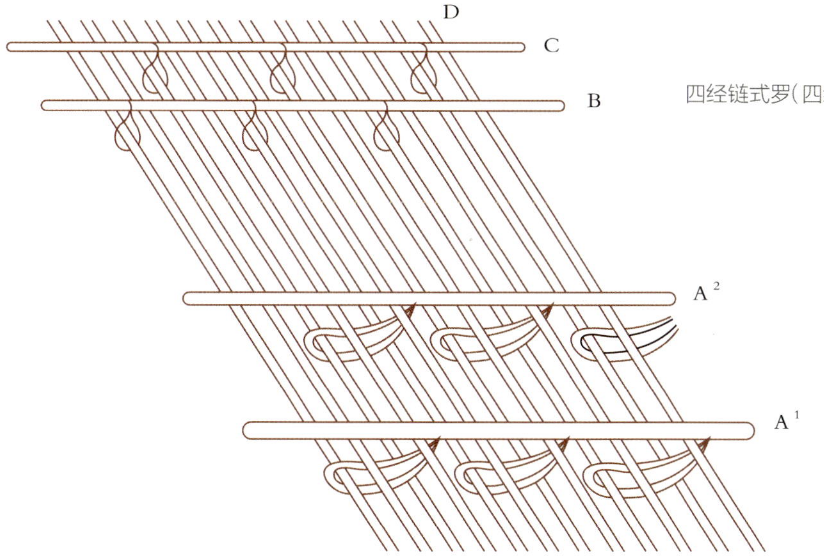

四经链式罗(四经绞罗)

对偶式软综范头制作示意图

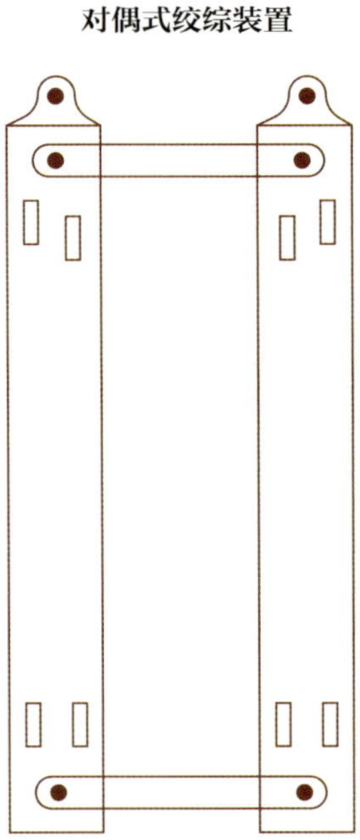

对偶式绞综装置综框示意图

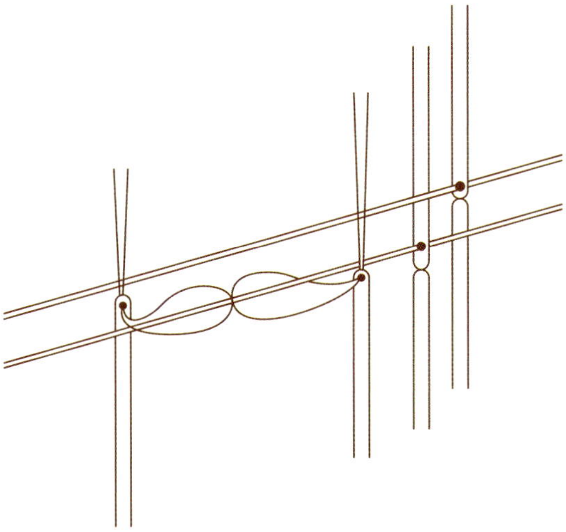

绞综穿经方法图

Y 形式软综绞经装置示意图

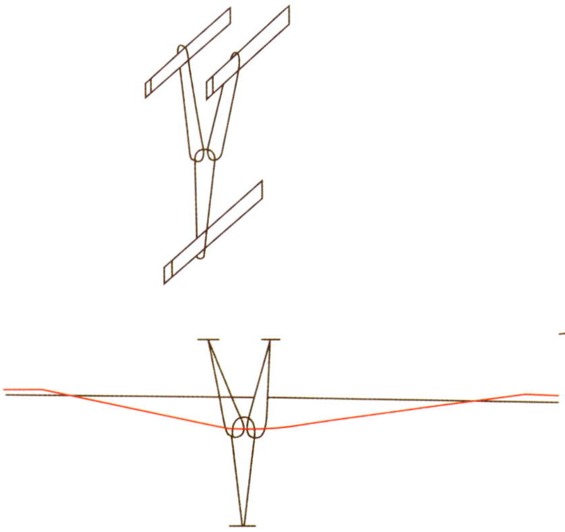

穿综工艺示意图

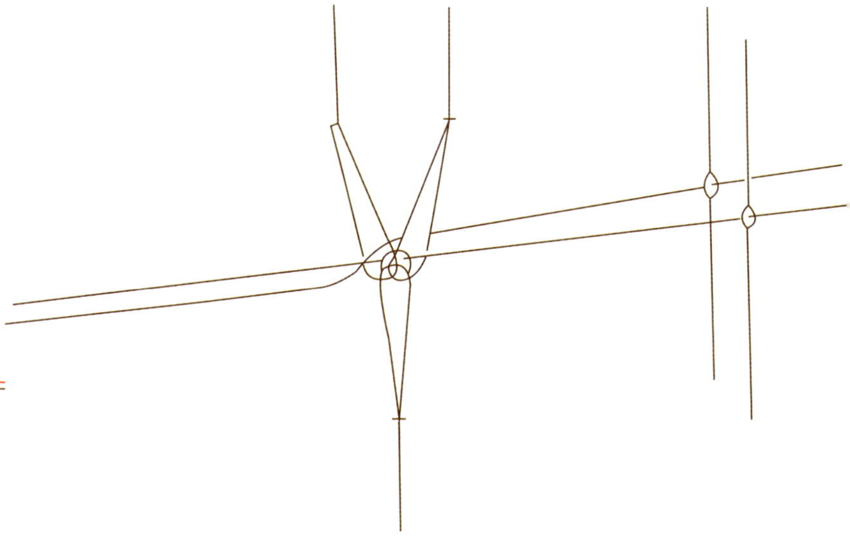

分离式全综范头制作示意图

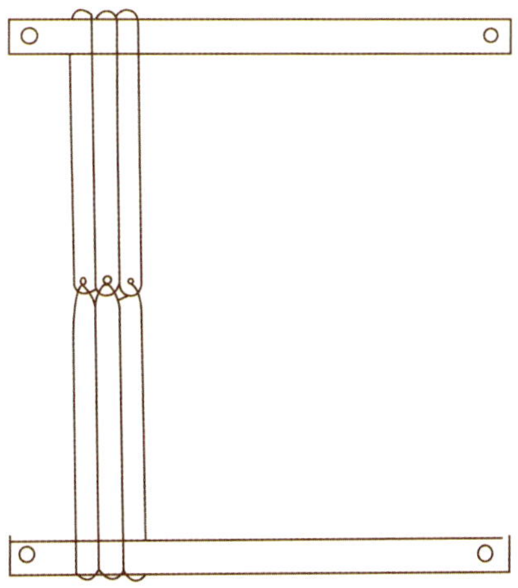

分离式纱罗软综图

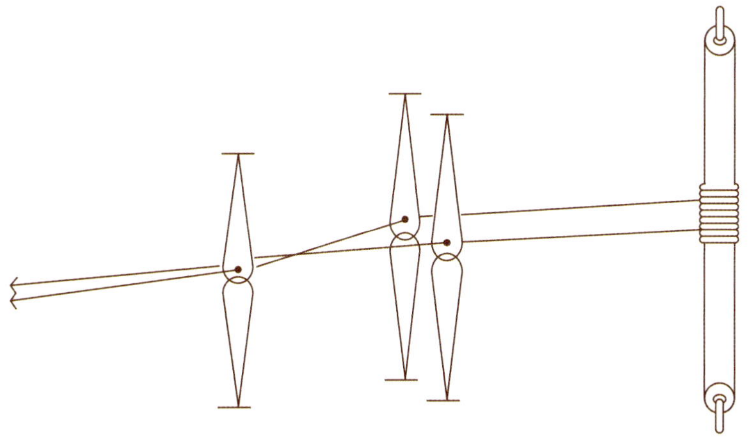

分离式绞经穿综示意图

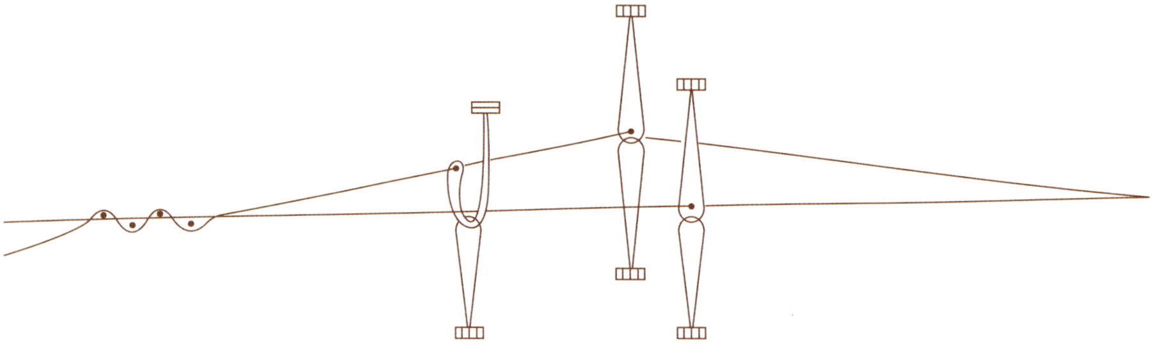

分离式软综绞经方法图

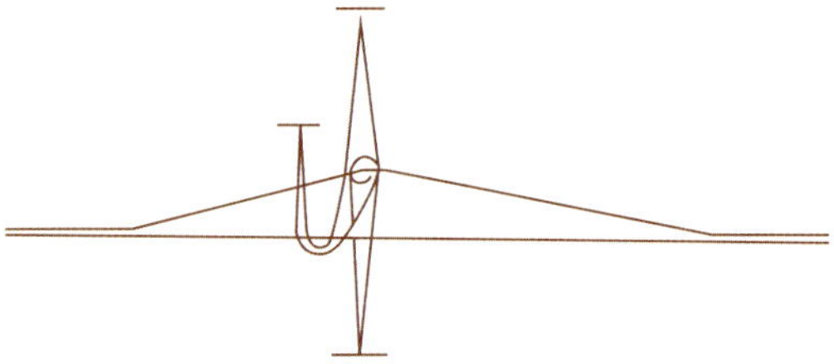

右绞示意图

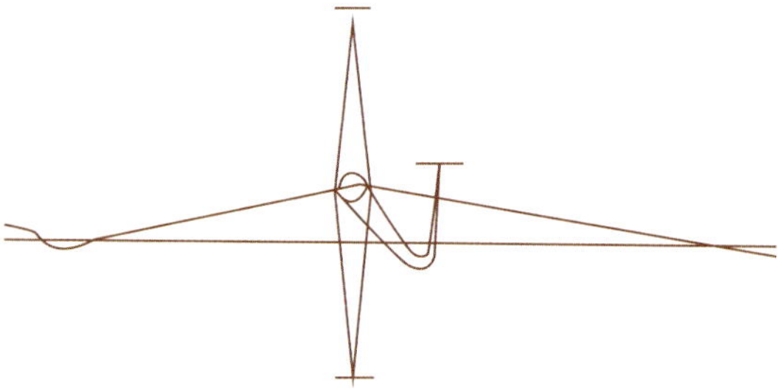

左绞示意图

软硬综丝组合式绞综示意图

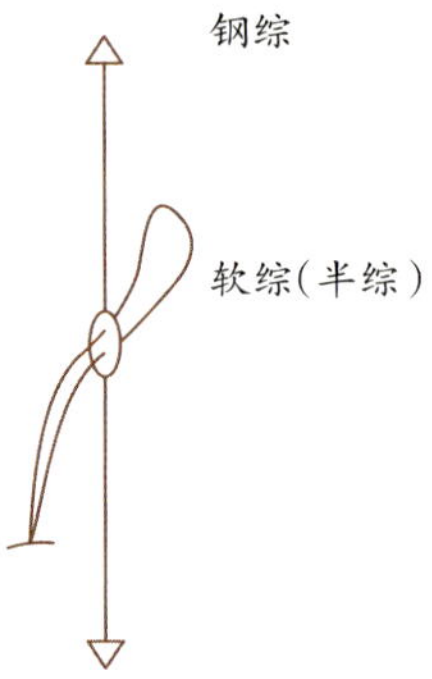

半综与钢综组合式绞综装置示意图

二经绞穿综法

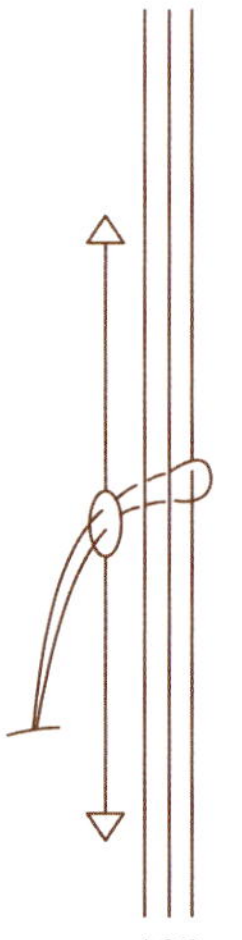

三经绞穿综法

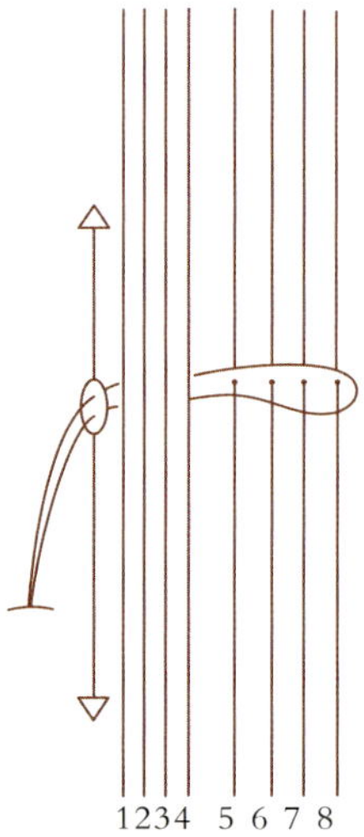

多经双股绞穿综法

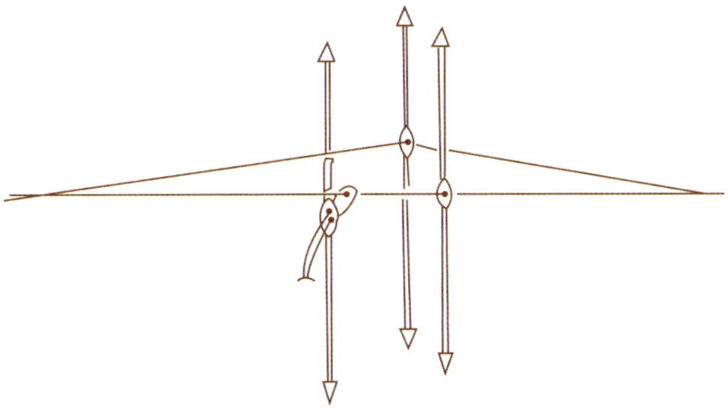

组合式绞综左右来回起绞工艺示意图

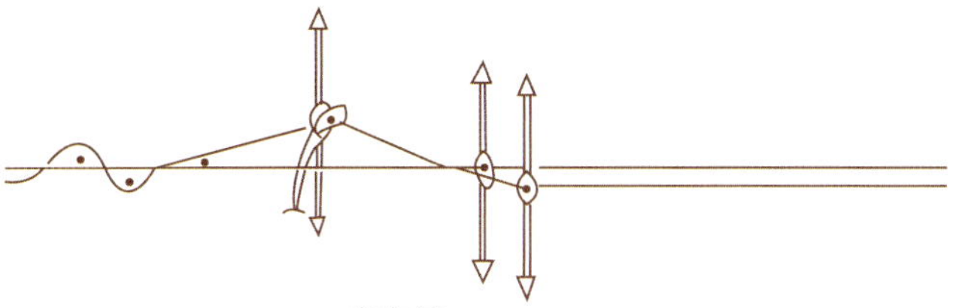

向左绞

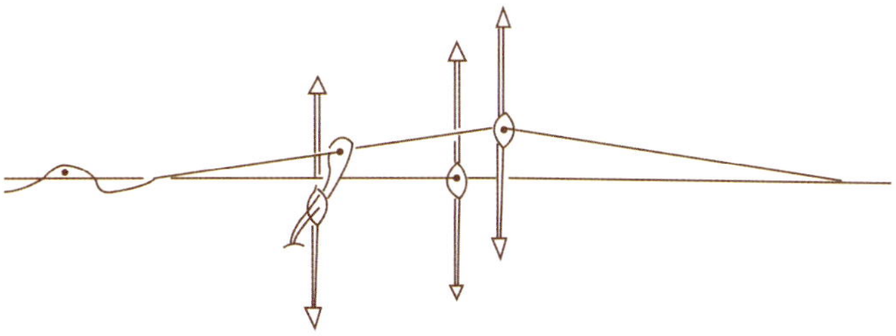

向右绞

A 形金属丝组合式绞综工作原理示意图

金属丝绞综示意图

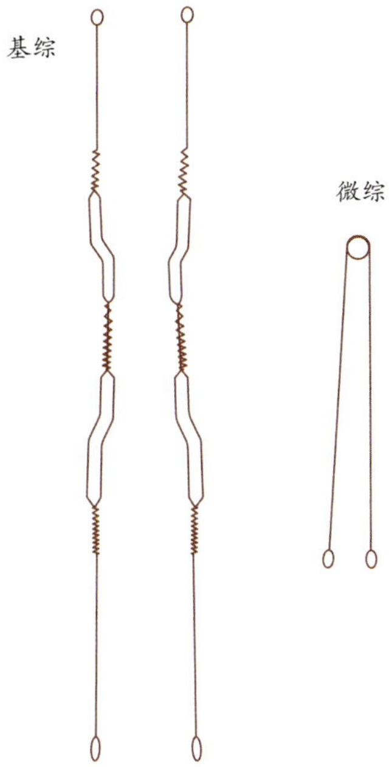

分解图

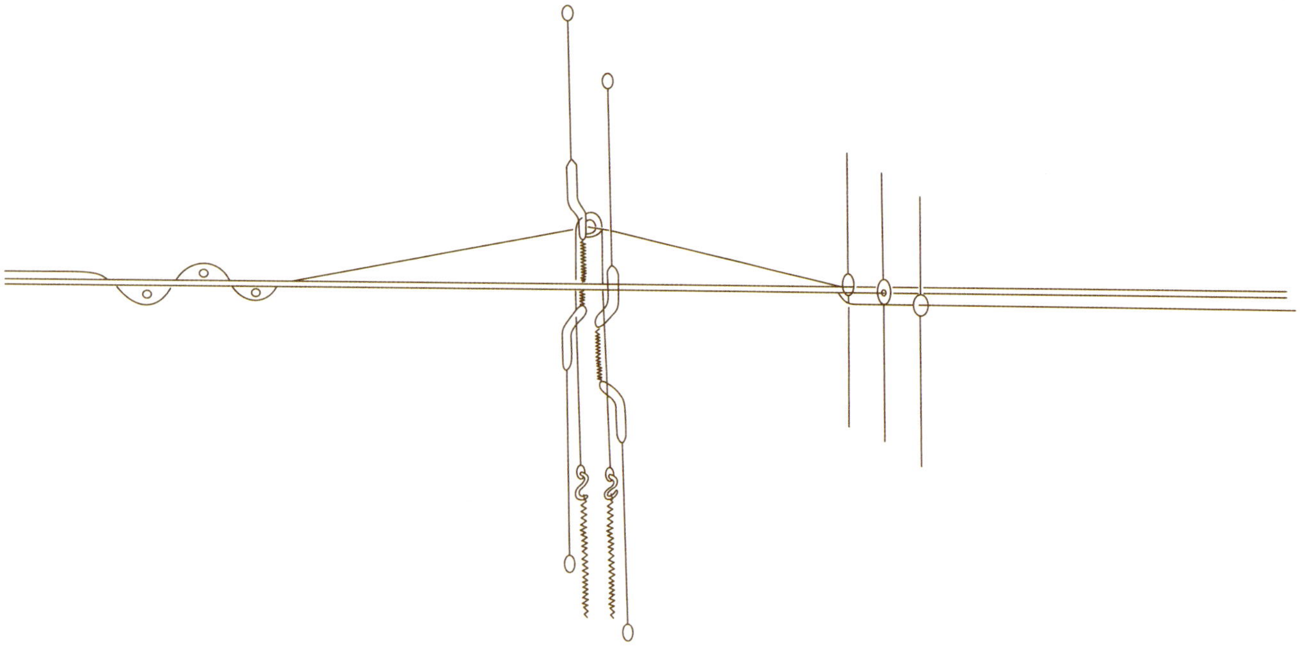

金属钢片绞综图

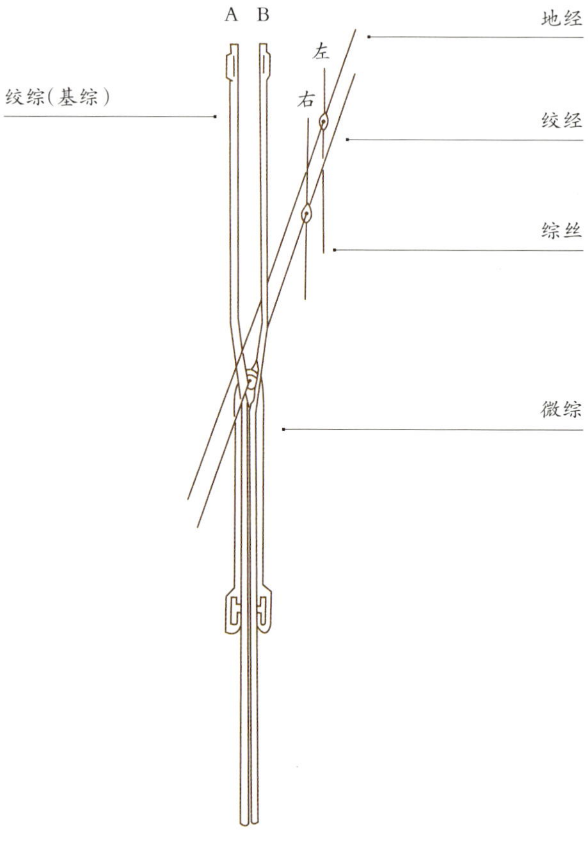

塑钢片组合式绞综示意图

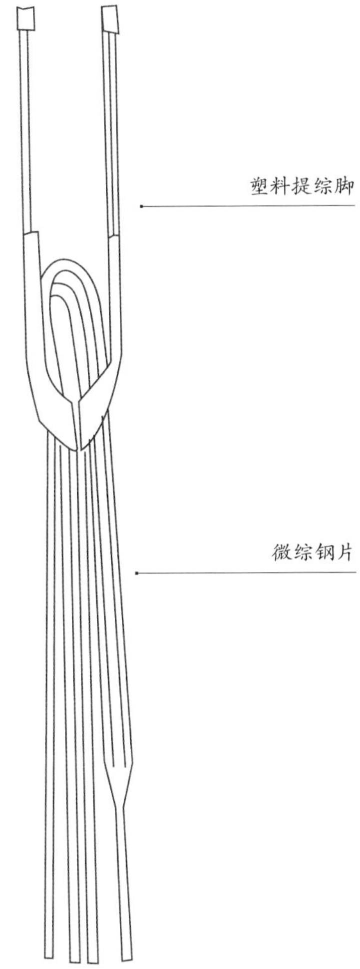

塑钢片绞综示意图

素罗、花罗织机的区别

上面已经讲了罗有两种不同风格——素罗和花罗。素罗，一般为横罗、直罗的统称，也指没有花纹的罗。花罗，是在罗地上起各种花纹图案的罗织物的总称，也称提花罗。从秦汉时期起，花罗就是罗中的名贵品种，花地同色，花纹若隐若现，有质感有花纹，两者和谐美好，就如唐代杜甫所咏“花罗封蛱蝶，瑞锦送麒麟”（《奉和严中丞西城晚眺十韵》）。总之，没有花纹图腾的绞经织物称为素罗，显现花纹图腾或者字画纹样的绞孔织物则为花罗，它们的织造机具是有区别的。素罗织机相对比较简单，比如原始的腰机、古代的各种平素综蹑器具、范头软综织机以及现代的各种机电平素金属综框织机等，只要配上绞综器材便可织出素罗面料。花罗相比素罗织造要复杂麻烦得多，必须先设计意匠图，然后在各个不同时代的提花织机上进行手工挑花，在束综大花楼织机、现代电动或电子提花机上进行罗机装造时，需配备各种不同的绞综装置，才能织出布满罗孔的花罗产品来。

【肆】

大花楼织机和罗机装造

花楼织机，是在多综多蹑提花机的基础上演变创新的束综提花机。在素织机的机架上向高空增加一层楼，机身长 6 米有余，高 3.85 米，宽 1.5 米，能工巧匠一上一下两人斗合织作，织匠坐在下面向上看，挽花工则坐在花楼上往下看，按照提花行本，配合机下织匠扳提束综进行织造，默契十足。当挽花工听到啪啪啪三声碰筘声响，就准备扳提下一步束综。如此这般，颇有“心有灵犀一点通”“只可意会，不可言传”的意味在其中。

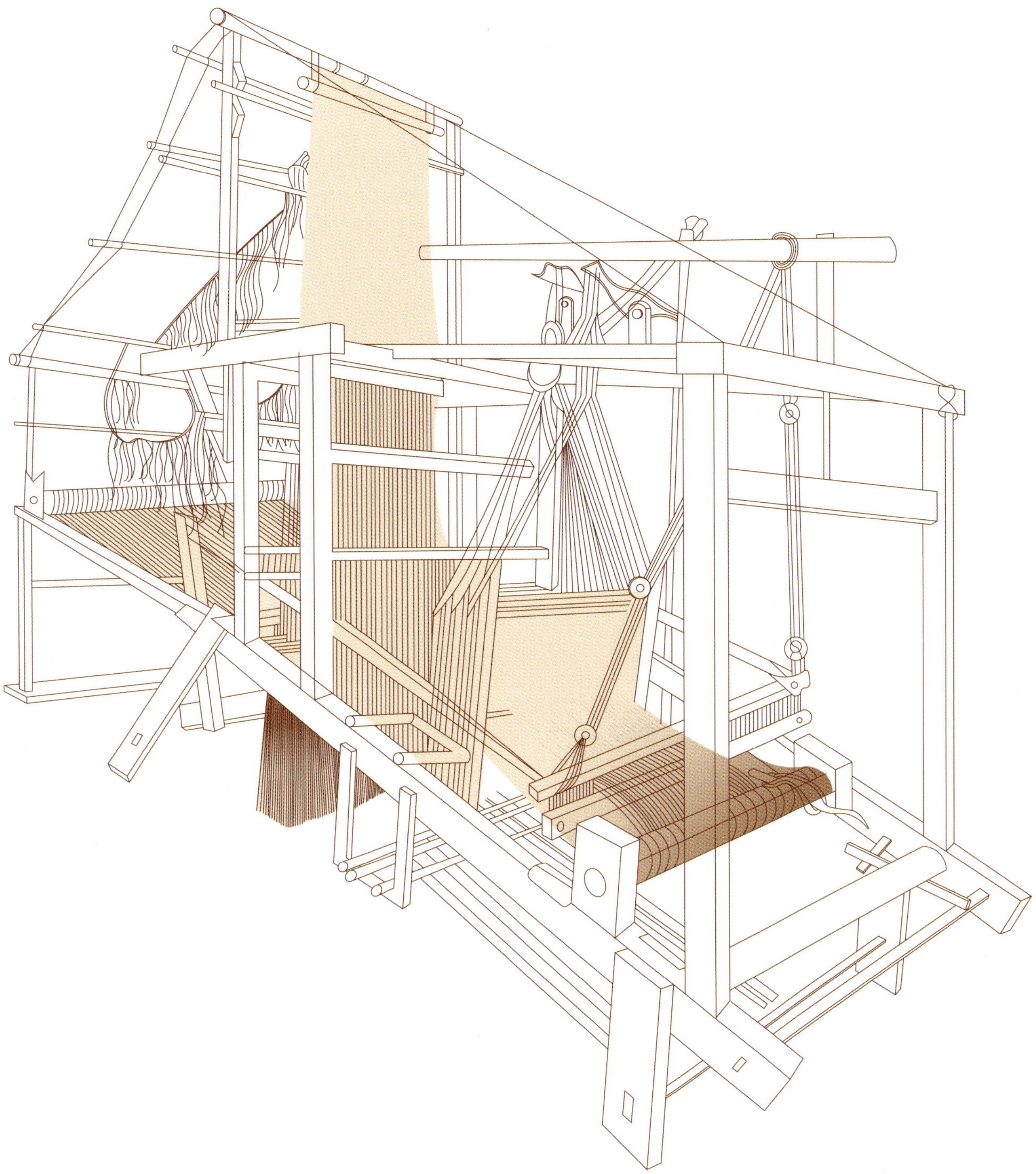

大花楼罗织机示意图

大花楼罗织机

大花楼罗织机的安装和装造工艺

花楼提花机分旱机和坑机两种，但装造安装过程是一样的。首先把机坐、机身、机架、花楼等织机本身的部件安装搭建完成，然后再把前期准备好的所有装备器材，根据织物和品种要求，进行逐个环节的器材连接、装配、穿综、捞筘等装造安装流程。

束综装造、线制花本示意图

下柱（衢脚）图

罗织机内脏装置器材图

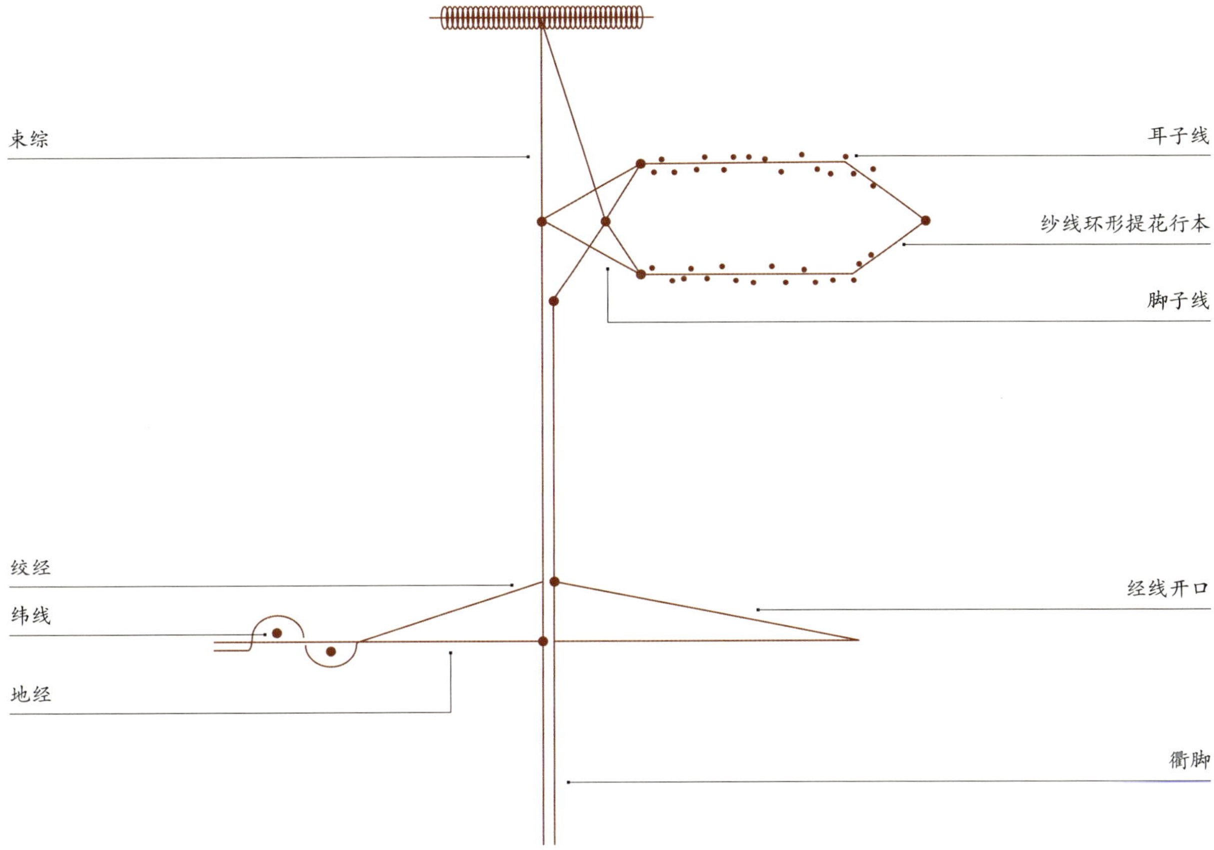

束综装置提花罗示意图

罗织机部分器材图

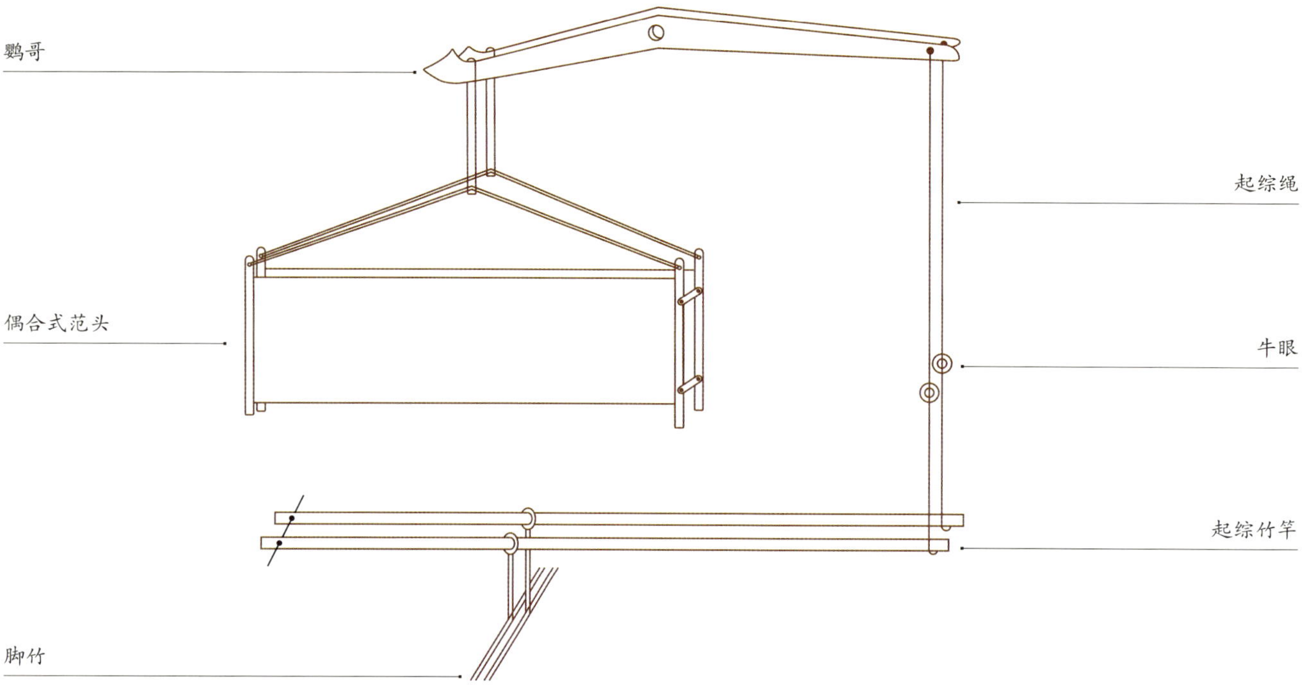

起综装置图

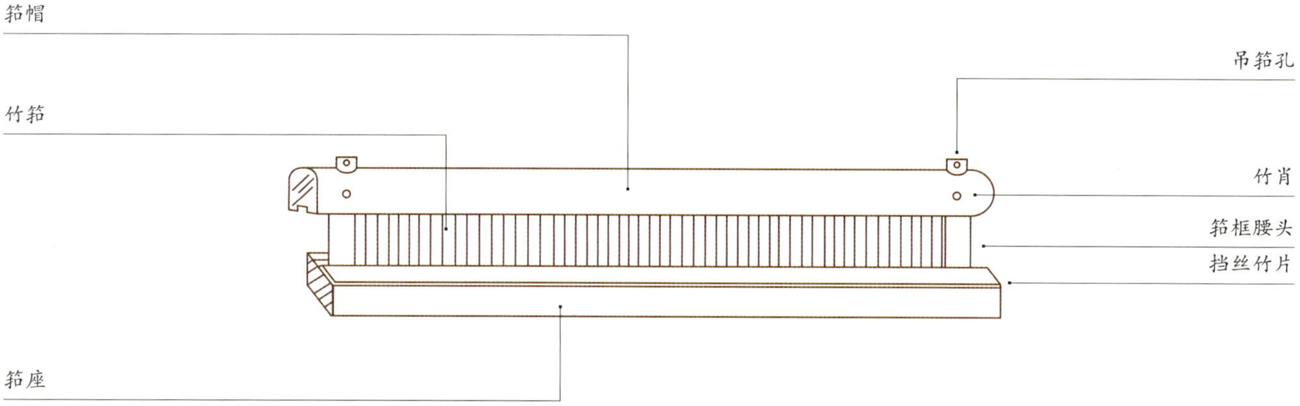

罗机织筘装置图

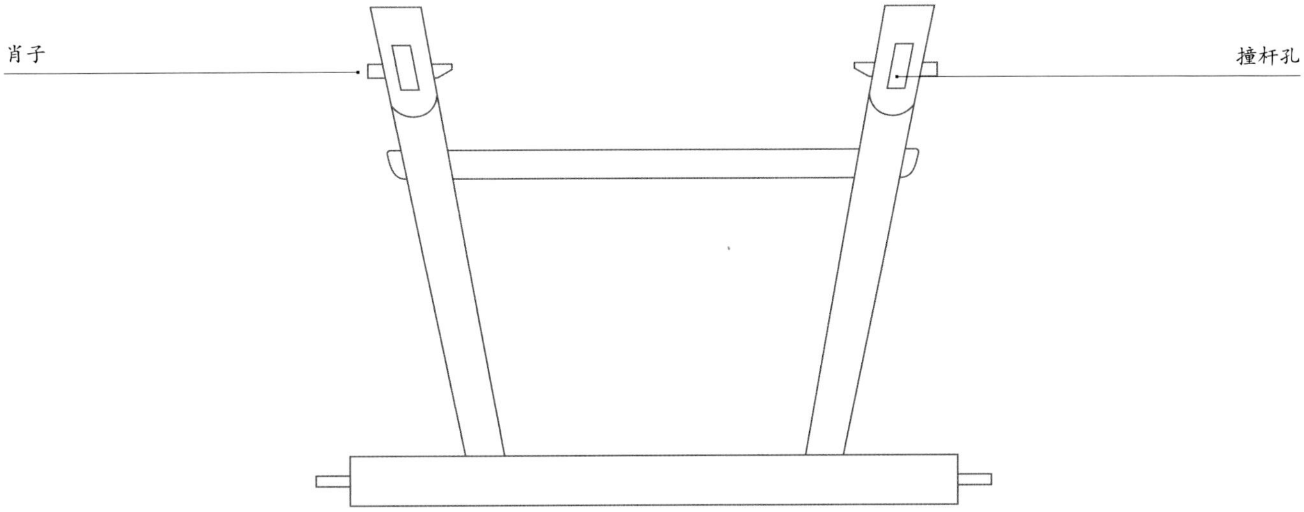

虎口立宁图

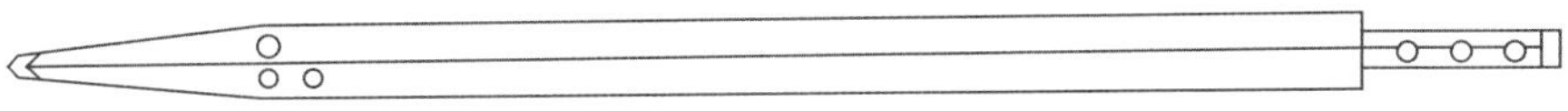

织筘撞杆图

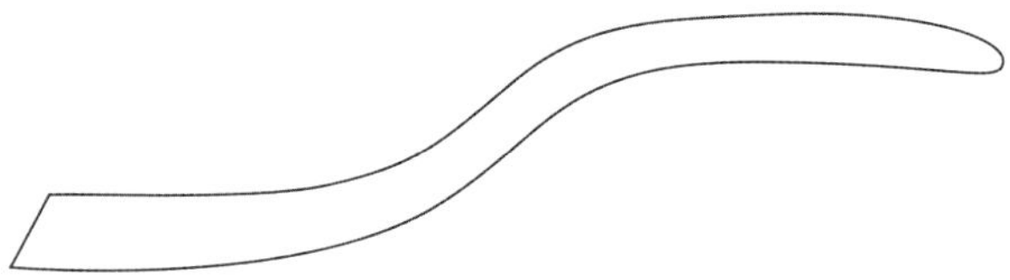

机前弯柄撬棍图

注：固定卷布轴

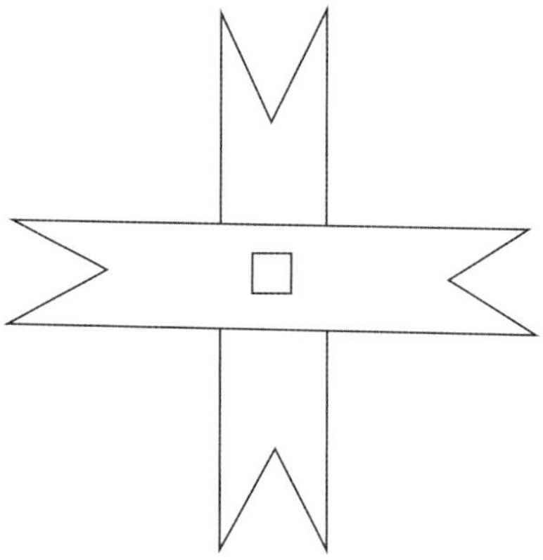

机后八角星纹图

注：固定经轴

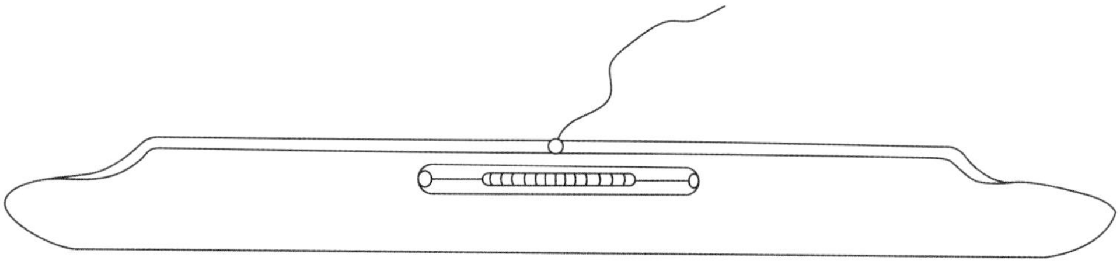

打纬斫刀

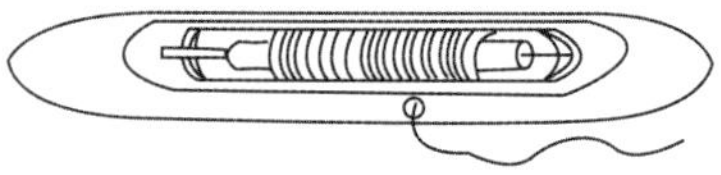

手工织机木梭

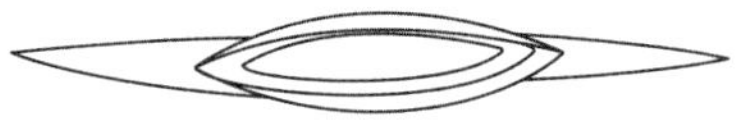

手工织机铜头木梭

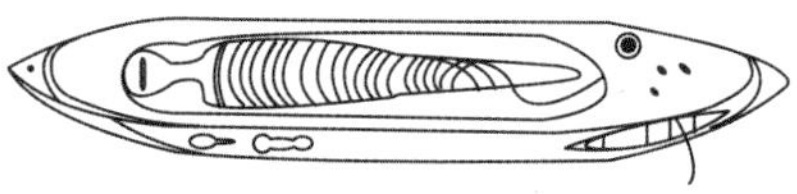

现代有梭织机铁木梭

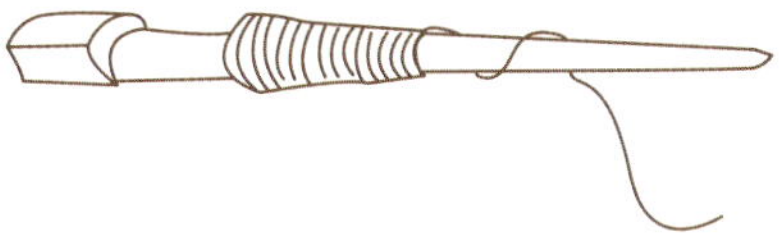

铁木梭纡子

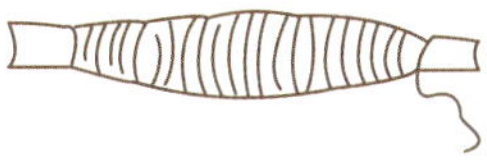

手拉机纡子

纹刀

文杆

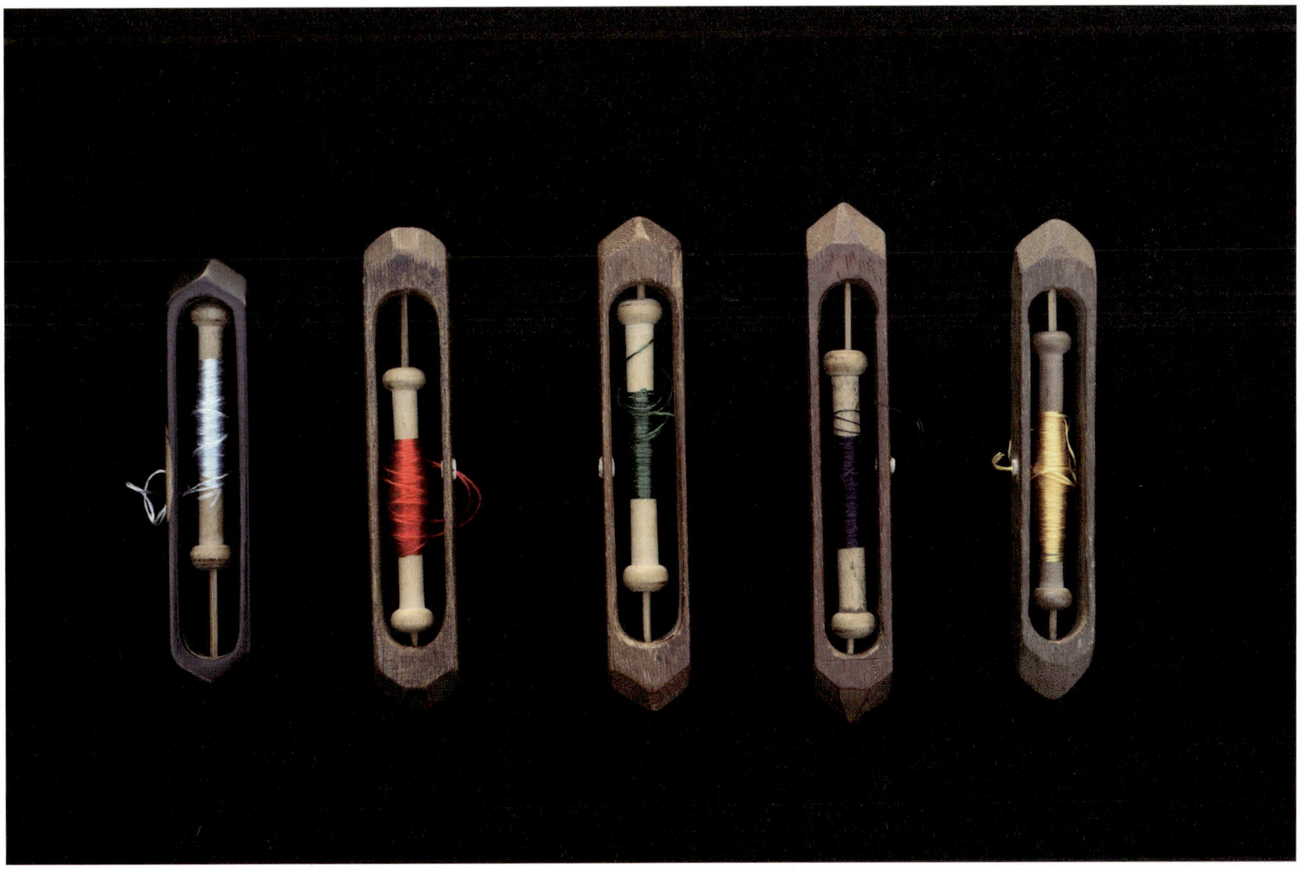

梭子（妆花罗）

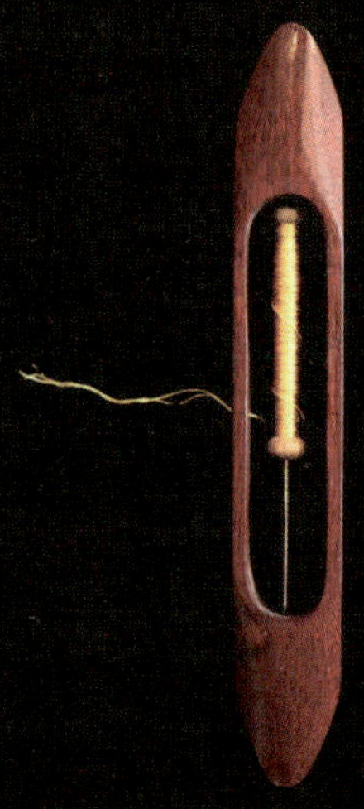

梭子（素罗）

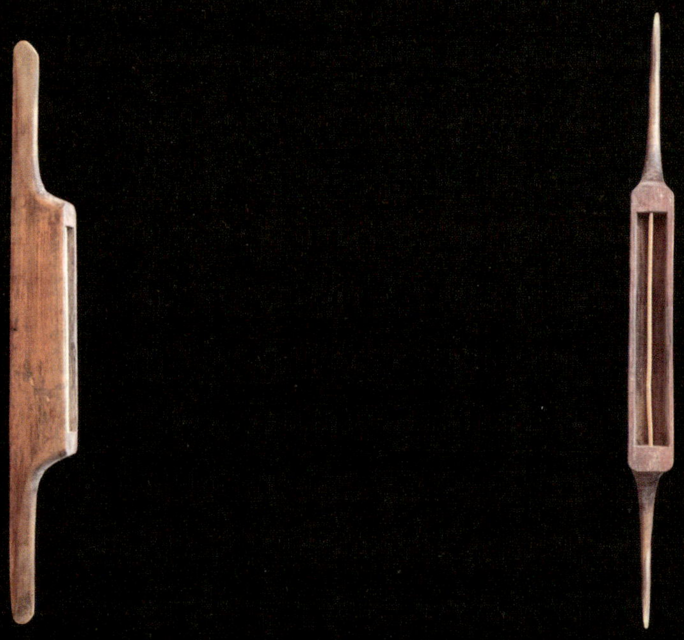

打纬刀

挂纤前的准备工作

挂大纤的上梁底部先顶一根撬棍，防止大纤太紧而拉断上梁（顶撬底部要用 10 × 8 厘米左右的方木），顶撬左右两边用绳索绕紧后用捎棍捎紧，一头绑定于上梁。挂纤底部放一根 18 厘米左右的横轴，便于分清前后纤稿。挂纤时顶梁面上，应前后方向绑缚一根长 60 厘米、粗 5~6 厘米的圆木，或现代的 1 寸管，两头必须光滑。

在传世的《耕织图》中，有一架束综花楼提花罗织机，该机除了束综提花装置外，在机前还装有素综和绞综范片，这种绞综的形式为对偶式绞综。

这是提花与绞综装置相结合的方法，挽花工在花楼上提花，织造工坐在机前用脚踩踏竹竿，一手掌机推拉筘板，一手引梭投梭。经过不断往复循环提综编织，制作出千姿百态的花纹和罗孔。

搭建、配穿下柱架

先前把数千根木衢脚（下柱），用一米长的线穿好并打结，准备就绪，开始装配下柱架。

将事先准备好的 6 根蒿棒竹，即直径 3 厘米左右粗细的竹杆，长度同木机机架同宽，两头打好孔眼，一头穿入铁丝固定。然后将准备好的下柱，套在竹棒上。

套入下柱架的方法：先把 1 根下柱所穿的线套入 1#2# 竹棒上；再拿 1 根穿好线的下柱，也分别骑跨套入 2#3# 竹棒上，这是机前半花。

接着再穿后半花：先将 1 根下柱套入 4#5# 两根竹棒上；再把另外 1 根下柱套入 5#6# 竹棒上。下面就按 1#2#、2#3#，4#5#、5#6#，以此类推套下去即可，直至结束。套纤线空芯管：把前面已经套好在下柱架上的下柱线，分前后一隔一套入纤线的空芯管上，按 1#3#2#4# 的排列方法进行套入，直至结束。

空芯管套好后，清点 10 组下柱线（4 根为一组），40 根一扎，直至全部捆扎结束，准备挂纤。

下柱架

固定在顶部的束综

挂纤

挂纤，是指将束综线进行上下来回循环牵挂时，同时连接下方的（衢脚线）下柱即重垂，每一根束综底下

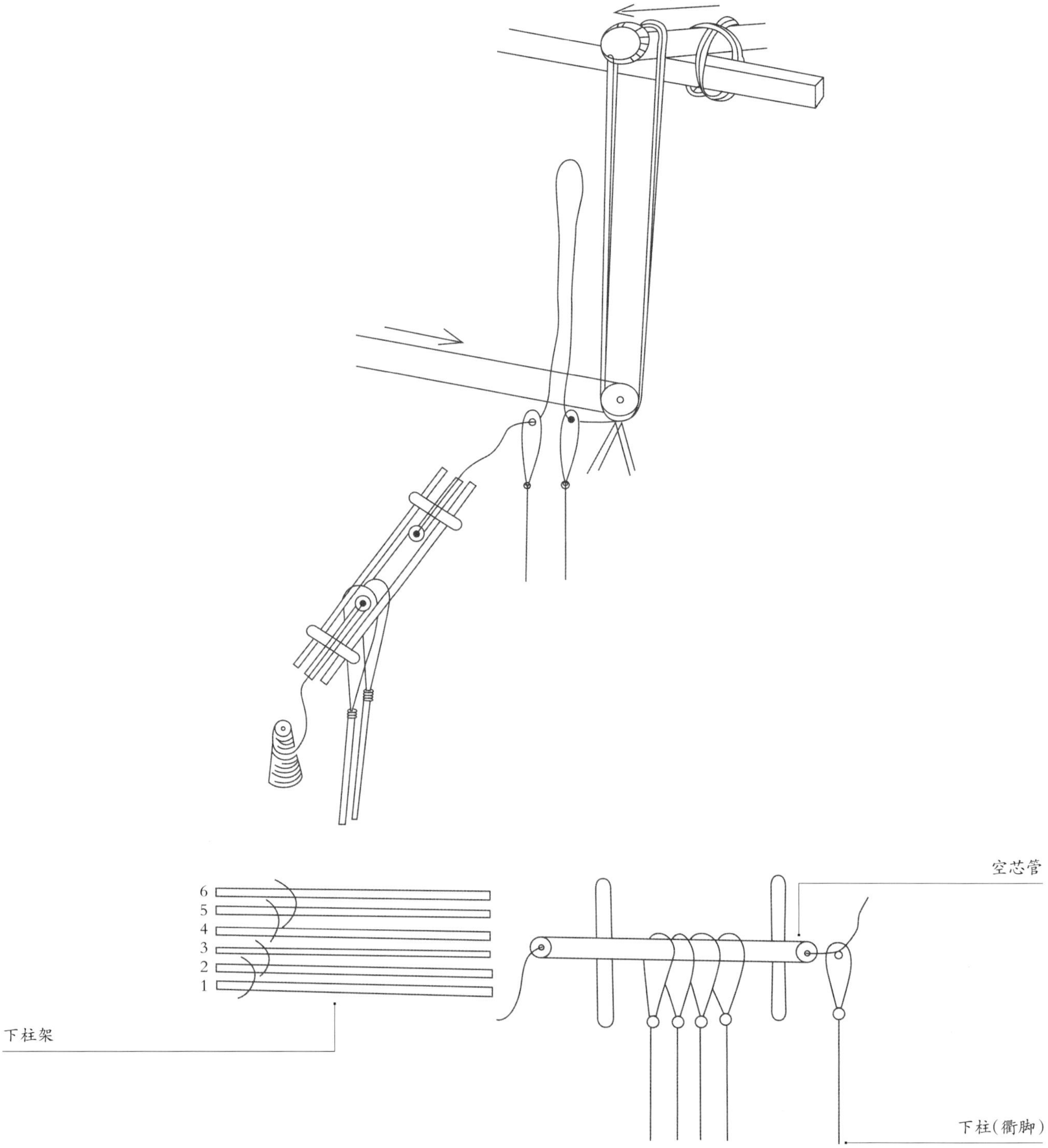

挂纤方法及造机流程图

挂一根衢脚，具体方法如下：

先把前面穿好的下柱架，横向固定在需要挂纤底下的木机中央。

再把准备好的筒装束综纤线的头，穿进套下柱的空芯管内，对面的人把线头抽出往上提起，并绑定在顶端早已固定好的铁管或圆棍上，短棍方向与横梁呈十字形。

准备工作做好，便开始上下来回挂纤。先将空芯管上最后一根下柱线移出管子放在纤线上，尔后从管子口抓起纤线从机后往花楼顶端套到铁管（圆棍）上挂住，接着按顺序把第二根下柱线照前面的方法，把纤线从机前往上提升套在顶端的棍子上，然而将空芯管中的纤线，每一次穿好一根下柱，一道走机后、一道走机前进行上下来回挂纤，把所有空芯管上的下柱全部攀穿在每一根大纤上。然后进行绕纤。即把牵挂在上梁管子上的纤线进行一顺卷绕，绕满 40 根打一个扣结，直至全部完成。

固定大纤

先把大纤底部的粗木轴吊起，把填的东西拿掉，让大纤宽松些，便于锁龙骨。

穿龙筋。在顶端横梁下，把 90 厘米左右的竹棒，穿入大纤前后各半的中央，两头用绳子捆绑在上面横梁上，然后把绕大纤的圆棍拿掉，同时把横梁下的顶撬也拿掉。

锁龙骨。准备 2　3 根 1.5 厘米粗、35 厘米长的细竹棒，把扣卡好的每股大纤，用扣结的方法，锁紧在龙骨上，排列均匀紧密，然后把底下绕大纤的横轴拿掉。

大纤进行分稿核稿

把前后大纤各一半分离开，中间用一根稿棒竹隔离，送往上面并固定在两旁的木柱上。

前半部分和后半部分，再各自分半进行核稿。第一稿前后分离后插入稿棒，然后再交叉前 1 后 1，核第二稿。边核边穿入软的稿带线，待核通后穿入稿棒竹，并固定在两旁的木柱上。

最后把下柱架分别均匀固定在机身上。

套范头

在束综（大纤）前安装 4 片素综范片，在素综范片前挂 1 副耦合式绞综范片。

穿综

先安装经轴。把准备好的经轴架到后机架上，做宋锦或罗，都要用双经轴，以保持经线张力的平衡。

把经轴上的经线慢慢地退出，并把上下稿带线逐渐往后移，理清的经线统统塞进束综、素综、绞综的中间引往前方，用夹经板夹住经线，挂在范片中间。

再进行穿综，方法如下。第一根经线为绞经，先穿前半部分束综的第一根大纤内引往前方，穿入机前第一块素范片的第一根线综的下半综内，再引入前方从第一副绞综的后竖综左侧，在横绞综的下方往上穿入前横绞综的下方，最后穿入前竖综的右侧，并固定在夹丝杆上。第二根经是纹经，是起花纹的经，穿在后半部分束综（花综）大纤内引往前方，同样穿入机前第一块素范片的第二根线综的下半综内，再引入前方从第一副绞综的后竖综左侧，走已经穿入横综丝线的上面引往前竖综的右侧，与第一根经一起固定在夹丝杆上。然后第三、四根经按上述方法穿在第二块素范片上，第五、六根经穿在第三块上，第七、八根经穿在第四块上。以此类推，按此方法循环穿至结束。

必须注意的是，边经或明纤穿在绞综范片上，两边各有 12 根不能挑花，作为素地组织。因为这是织边用的，不需要提花织造。

接下来依次是吊筘、捞筘、扎轴。

挑花结本、拼花、倒花、斗花

大花楼罗织机花本制作十分复杂，非心灵手巧者不能为之。明代宋应星《天工开物》之“结花本”说：“凡工匠结花本者，心计最精巧。画师先画何等花色于纸上，结本者以丝线随画量度，算计分寸杪忽而结成之。张悬花楼之上，即织者不知成何花色，穿综带经，随甚尺寸，度数提起衢脚，梭过之后居然花现。盖绫绢以浮轻而见花，纱罗以纠纬而见花。绫绢一梭一提，纱罗来梭提，往梭不提。天孙机杼，人巧备矣。”花本分为祖本和行本两种，首先要把意匠图绘制好，然后根据意匠图做好线综材料的准备工作。准备好脚子线、耳子线，挑花用的钉板等器材。

根据花回长短，牵脚子线数米（正常在 5 米），剪好耳子线数百根。

根据需要提花的花稿，绘制挑花结本的意匠图。

挑花前首先把脚子线的明纤（平纹）边纤编排好。

根据意匠图，应起花的脚子线挑起，用耳子线一根根挑花穿好。

花本挑好后，要及时进行倒花，横向的要进行拼花。

制作好的行本，要与束综进行斗花，具体斗花方法要根据行本的平纹稿与束综的平纹稿进行核稿，最终将花本斗入安装在提花束综上。

行本斗花结束后，把行本斗入大纤的底部一头，从大纤下方 1 隔 1 拉出，理顺后与行本的另一头，根据两头的稿线 1 对 1 进行对接，形成一本可以循环于大纤上进行挽花织造的花本。

安装行本循环架子。共 7 根竹棒，1 根活动的木导棍，左右两根麻绳，从花楼大纤的顶梁左右两头捆扎麻绳一头后，通往后机架左右顶端固头把麻绳固定，再把竹棒穿入行本底层中间后往上抬起，并把竹棒两头固定在两边的麻绳上，将行本架空在架子上，便于 5 米长的行本在操作中能正常循环。通稿，通花。即脚子线的头与尾，要在各自的稿带线分离中，按两端的排列顺序进行对接。

至此，束综花楼罗织机造机结束，花楼上的挽花工和织机上织匠开始操作织造。

罗织机的装造工艺

脚竹安装

对偶式范片前绞经脚竹，应连接不起花的素范片（前绞经 A 提升时，后素范片把经压下去）；对偶式范片后绞经脚竹提升时，应起花的提花束综同时提起，在绞织罗孔时同步产生花纹。

穿经

第一根经穿前区 1 纹综，接着穿第一块素综的第一根下半综，再经过后绞综左侧，在横线综的下面往上穿入后半综，然后从上面往下穿入前半综，走前绞综左侧引向前方。

第二根经穿后区束综提花综的第一根，接着穿第一块素综的第二根下半综，再从第一副后绞综的左侧，经过第一根经线的上面引往前绞综的右侧往前引向前方。

束综花本的材料要求

线绳花本，就是束综花楼织机上的提花行本，简称花本。这种花本有脚子线和耳子线，通过手工挑花结本制成。

脚子线和耳子线的材料略有不同。脚子线，用 3×3 棉线翻落成筒子，然后根据花回需用的根数进行牵经，同时在开始牵纤时不要忘了先牵 12 根明纤，在结束时也需要牵入 12 根明纤，用于织物穿边经。要注意的是，在拼花中一定要把拼入下一回花本连接处的边经分开，不能拼入花纹图案中。总长以 5 米为前后循环比较合适，在牵经时头和尾都需放入两根平纹稿。

耳子线，用 4×3 棉线，同样翻落成筒，然后按 1.5 米的长度剪成若干根，根据纵向花回需要用的纬密度根数进行配置。接着取 16 根线，两头保持一样齐平进行对折，在对折后的中部打上一个总把留孔结。对折后的耳子线一撮为 32 根，把每一撮耳子线穿在一根绳子上，这样耳子线的制作就完成了。

挑花结本

挑花结本看似非常简单，其实不然，是一项极其细致的技艺活，需要足够的耐心。在挑花过程中不能有丝毫马虎，一旦挑错了，花本很难修改。所以在挑花穿

挑花

结本

线过程中，要不断反复比对意匠图的数据、信息和挑花钉板上脚子线数据及位置是否匹配，手、眼、脑必须灵巧默契、思想高度集中。

挑花前先要制作好一块钉板，一头钉出均等的36格，然后在空格内放入脚子线，两头灵活暂且固定进行拾稿。筹备工作做好后，由挑花人员根据意匠图把应该提起的脚子线挑起。将整个一梭纬线应该起的脚子线全部挑起后，穿入一根耳子线。当挑满36根，在另外一端也打上总把结，以防脱落。照此不断往前挑，直至整个花本挑扎结束。

以上挑的只是一回种子花，也可以称作祖本，到了具体操作运用环节，还需要一回回进行拼花或者倒花，最后与织机花楼上的束综进行斗花后才能牵花使用。

拼花、倒花

种子花（祖本）一头扎在提前准备好的横竹棒上，再将准备好的脚子线一头也按第一层、第二层、第三层和零头（因不满整套花回，故称零头），一起扎在上面的竹棒上，稿带线也一层层分离开并扎在左右两侧。再进行对经、拼稿、通稿。即先将新的脚子线各回的第一根拾起，然后把祖本从各回的第一根内，向一侧攀过来握在手里；再拾第二根，按同样的方法对上稿下稿进行拾稿、通稿，直至全部对齐后，把稿带线一同插入手中的稿内，穿通结束。

倒花，就是把祖本上的每一梭耳子线倒入每回脚子线中，形成一本整花。即先把祖本对折后，中间套在竹棒上，固定在左边的架子上，然后把祖本的头和尾各搓成总把结，用绳子把两个结捆绑在一起。接着把新的脚子线（行本）也同样对折后，中间套在竹棒上，并固定在右边架子上，头和尾也搓结后捆扎在一起。然后将左右两边绷紧，把各自的稿带线移往中间，再根据祖本的每根耳子线挽起，形成三角形叉口，依照祖本的起花耳子线过入行本，并把准备好的耳子线抽取一根，穿入该起花的行本脚子线中。祖本上的耳子线仍然从自己的三角叉口下面回穿到祖本上，直至结束。通过这样的流程，祖本上的花回全部倒入行本，至此，拼花制作行本的工作全部完成。

拼花

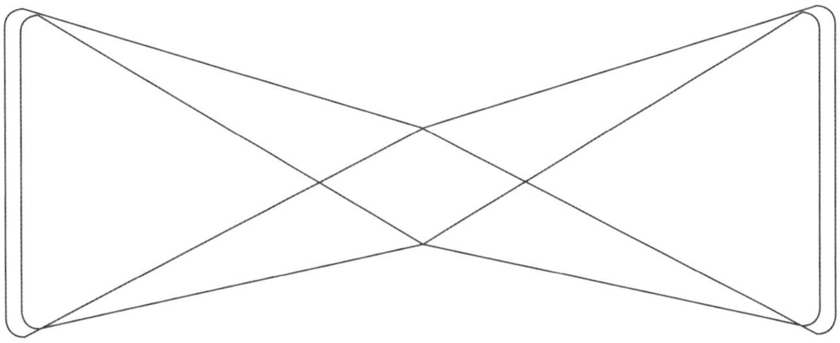

倒花示意图

斗花

在花楼上把行本斗入大纤，称作斗花。

把行本每一根脚子线上的稿带线，与大纤一根对一根地斗入大纤的束综上。具体操作方法，首先把行本的第一根脚子线，在大纤的第一根束综线内档，一根对一根拾起握在手里，直至整幅全部拾通后，穿入稿带线左右两端把结打好。需要注意的是，上机斗花前，千万要分清祖本与行本的正反面。要求祖本反面朝上，新制作的行本面重叠层朝上，这样便于斗花。

开始斗花。斗花前先把明稿线一头扎在左右木柱上，把每回花本的稿带线斗入大纤形成一体，然后把每梭该起花的耳子线，通过大纤拼入一本左右平排的完整花本（行本）。具体操作方法是，先把行本正面该起花的耳子线用力拉起，与大纤形成交叉三角，分清起花束综与不该起的层次。另外要掌握祖本反面在上，所以必须把反面该起花的耳子线，从反面拉起，同样要分清起花与不起花的层次，同时把准备好的耳子线从右边通过下方束综，在反复提沉中形成的交叉三角内穿入并拉向左侧，这样就完成了大纤斗花程序。

【伍】

现代罗织机的应用、改造和研发创新

时光匆匆，不知不觉已进入21世纪。随着国际与国内科学技术的高速发展，各行各业都已迈入高科技时代。自20世纪80年代改革开放以来，纺织行业也进入了大规模的现代化设备改造。普通的绫、绸、缎、锦等纺织产品全面淘汰了落后的机械纺织机，实现了自动化、高速电子化、智能化的生产流程，彻底摆脱了传统落后的生产模式。但是，唯独罗织物的生产方式和生产设备没有多大改变，与缂丝一样，仍然停留在传统的手工加木机生产的模式。包括日本、德国等发达国家的织罗设备也没有得到创新和发展，只是在纯手工织罗基础上有所改造，采取软综与钢综相结合的简单电动织罗，但是与自动化、高速电子化设备相比，相差甚远。我国苏州、杭州等地的纺织机械厂和科研院校，也都进行过很长时间的研究革新，仍然无法实现全自动机械化织罗。我们圣龙公司在与日本、韩国的业务往来中，对罗织物设备及其工艺进行了反复的研究探索，对罗纹织物的绞经器材和结构原理等，进行过无数次改造试验，一直无法摆脱罗织机设备改造的困惑。不服输的我，对日本、韩国、印度、苏州东吴丝织厂等曾经试验过的二经绞机织纱罗技术，一而再再而三，从器材、织机和配件上进行反复研制、创新和改造，终于有了起色，最终完成了织罗设备质的飞跃。

手拉式机电提花罗织机示意图

手拉式机电提花罗织机

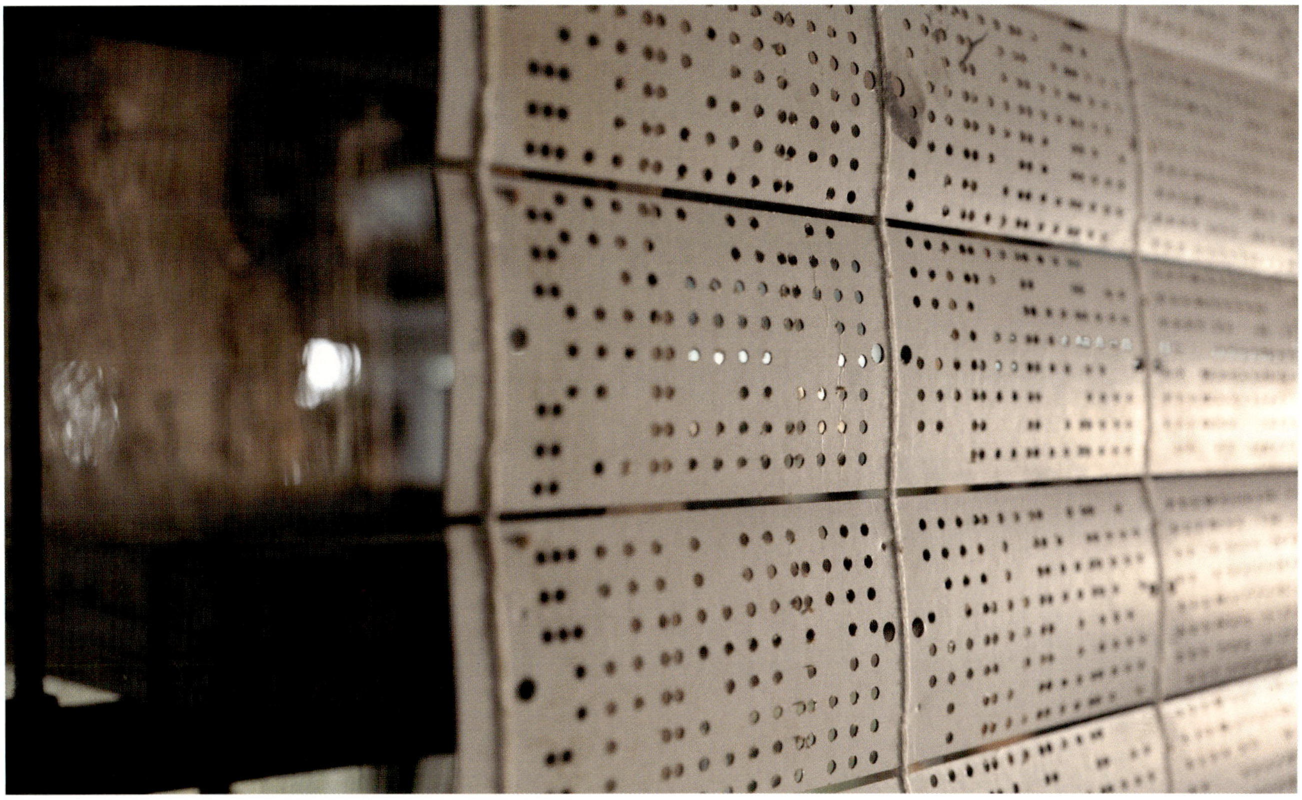
冲孔纸板花本

机后

四经链式菱纹罗

束综大花楼罗织机的改造

对于束综大花楼罗织机的改造，我采取了借助式和嫁接式的方法进行了颠覆性的创新改造。首先对大花楼机身保持不变，在此基础上，把花楼部分的人工挽花和束综装造全部废除，改用现代的提花机龙头和通丝、棋盘目板、钢丝综装造以及软综分离式范头。龙头以电动机提花开口等方式，替代了传统花楼织机的束综人工挽花和棉线花本，掌机织匠仍然按照传统穿梭织造不变。改造后，不仅大大降低成本、完善织物品质，同时生产效率提高了几倍，产品更换、花本制作效率 方面，更是提高了几十倍。四经绞罗（链式罗）、妆花罗、绒锦罗等特殊罗织物的织造从此不再是难乎其难的事了。

现代机电有梭提花罗织机

现代机电有梭提花罗织机，是在前面半机电、半人工铁木手工罗织机的基础上，借助现代有梭丝织机和有梭提花织机原理。这台新型机械化罗织机的研发成功，并非易事，除了对内部装造和器材进行科技化改造外，还要对绞经技艺原理进行全面研发创新，并在反复试验中不断改进，直至接近普通丝织品的生产效率为止。这台设备功能性强，适应品种范围广，以产量高、质量好、品种多、应用广等显而易见的优势，一举成为现代织罗行业的主要设备和当今市场的主力军。它的开发和应用，使得织匠可以完全摆脱古老纯木机、全手工织罗方式的束缚，不但大大提高了生产效率，而且吴罗织物的品质也得到了前所未有的提升。

与古老传统的罗织机相比，机械有梭罗织机主要有三大优势。首先，织出的吴罗门幅加宽了一倍，与普通丝绸制品一样，从而更加适应和满足当代服装裁剪省事省料省工的需求。其次，罗织物扭绞间的组织结构更加坚固稳定，罗纹网孔更加清晰通透，各种纹理结构和组织变化更加合理，花回大小和图腾变化越发操纵自如。再次，能任意快速地转换和调节经纬的疏密、厚薄以及手感的软硬度等，使得面料的飘逸度、厚重感和悬垂性以及功能性、舒适性和内敛性等，愈加适应不同人群的特殊需求，符合东西文化的审美观念和情趣。

新型机械化罗织机，可以织造二经绞的纹素纱罗、横罗（含杭罗、三丝至十三丝罗）、直罗、暗花罗、妆花罗以及三经绞、四经绞（不含四经链式罗）、多经双股绞、亮地实地、双面异样绞、双面双层绞、双面三层立体罗、彩色织金罗等等，而且对原料的适应性很强，丝、棉、毛、麻、人造纤维、化纤等都能织造。面料一经面世，即被广大民众认可和喜爱，并且正不断走向全国各地，甚至远销国外。

总而言之，新型罗织机的产生，完全颠覆传统，是科技革命给织罗设备带来的一次划时代的改革和创新，完成了历史性转变和创新性成果，真正实现了“罗织天下”的目标。

现代新型罗织机的造机装造简介

现代新型罗织机与古老的多综多蹑织机、束综大花楼罗织机的基本原理相同，只是采用了新材料、新器材、新织机、新工艺进行了全面改造，使得新型罗织物产业步入现代高速发展的轨道。

那么这台罗织机是如何装造的呢？下面我就将研发的过程和结果与大家分享。首先必须把“装造设计

四经链式罗织机

现代机电有梭提花罗织机

换梭

开口投梭

后经面

织造中

宫灯纹罗面料

波浪纹花罗

图”制作好，再根据装造图所需要的材料一一进行筹备和制作。在造机之前，前道原材料的准备和制作要先行。然后对将要进行安装造机的机台，全面清理整治和平机，对提花机龙头进行整理和排列用针，并定位龙头的高低。值得注意的是，造机装造系统的各种筹备工作必须提供到位，这是造机过程中最为关键之处。具体细致工作和环节很多，如定做巴吊（通丝，指古代的束综）；购买目板，并制作上棋盘；目板穿通丝，龙头上挂钩子，钉连结架，连结，穿综，绞综挖抽线（穿软综），捞筘，扎轴，校机（首先按织机的五大运动进行精确调机，其次要掌握开口大小，投梭时间的早晚，筘弧度筘角度的精确性，后撬张力等；调梭箱，调送经快慢，调卷取纬密，做氨纶架（下棋盘），购买提花钢综，剪好钢皮线，钢皮线穿钢综，准备氨纶线，钢综底部穿氨纶线，下棋盘上套钢综，制作抽线棒，打抽线（制作软综），安装组合线综装置，制作花本，花本上扎钢丝，翻丝牵经等等，整个流程繁琐而复杂，需耐心细致地完成。

全自动无梭电子提花罗织机、双面多梭七彩罗织机

全自动无梭电子提花罗织机和双面多梭七彩罗织机，是在机械有梭罗织机的基础上，再次进行开拓创新的罗织机设备，属于高科技时代创造性研发的成果。设备的研发成功，完全超越和领先了国际先进的织罗技艺，开辟了一条绞经织物领域的高科技之路，从此步

全自动无梭电子提花罗织机

自动选色选纬器

储纬器

送纬剑头

接纬剑头

纬线交接

后经面

入与其他纺织、丝绸高新技术齐头平进的发展行列。而且填补了数千年来人类纱罗绞经织物无法实现机械化、自动化、电子化生产的空白。

时代的科技列车已驶入了高速发展的世界前列，形势喜人又逼人，作为我国吴罗织造技艺代表性传承人，吴罗织机的守正创新，是我的使命，我自认对事业有担当，对丝绸有情结，对传承有使命。自2013年开始，我便一头扎进全自动电子提花织罗设备和器材机具的研究，不追求个人得失，将自己的全部精力和财力，毫无保留地投入到对最先进的全自动剑杆织机改装改造中。在长达五年多的时间里，始终不遗余力地探索研究和创新发展，经历五十多次失败，终于在2019年收获的秋季初见成效，看着不太完美的10米面料从全自动电脑罗织机上正式下线，仿佛看到了成功的曙光，令我激动不已，涕泪涟涟。

四经绞暗花罗

自动剑带头

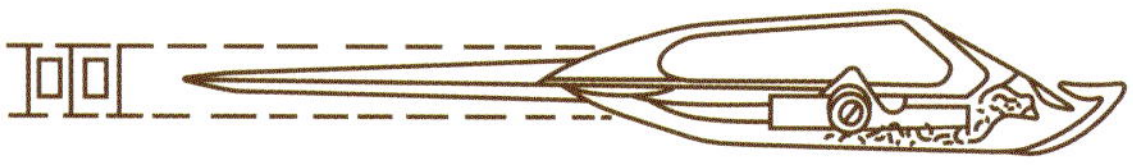

送纬剑头

接纬剑头

全自动无梭电子提花罗织机生产车间

全自动无梭电子提花罗织机

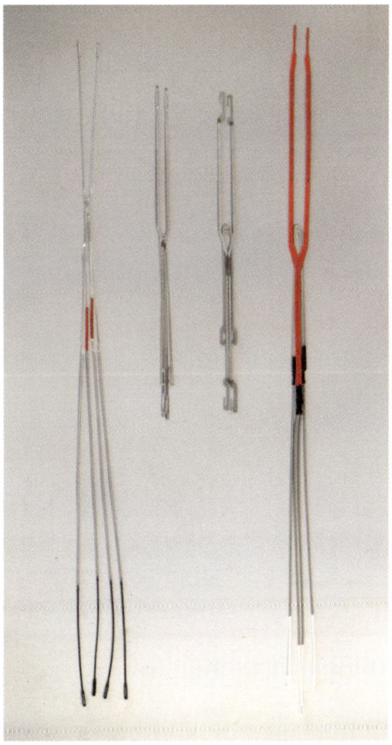

金属绞经装置图

双面多梭七彩罗织机

开口投梭

出梭闭口

备用换色梭子

机后绞经与地经的上下经轴送经

提花机纹针纸质花本

四经绞七彩罗

#【陆】

织罗设备的科技创新与发展之路

——吴罗织机的守正创新

日月如梭，光阴似箭，人生苦短，弹指一挥间，三十多年过去了。当年出于对丝织物的兴趣，我选择了一条充满艰辛、无比寂寞的苦苦探索、默默追求罗织机的技术创新之路，从1986年到2019年之间，特别是1996年以来，将全部精力和研究重点转移到对吴罗结构织造技艺的研究和织罗机械、器材的改造中。

想当初，落后的传统织罗设备，两人一天只能织几厘米至几十厘米。不仅如此，面料缺点也很多，就拿简单的二经绞提花罗来说，结构的稳定性很差，制成服装后，总是纰裂和崩开，无法适应人们日常穿着，更谈不上适应现代快节奏的时尚生活，被时代的发展而淘汰也是必然。于是我产生了对机器实施改革的念头，以及对工艺结构进行研究的想法。在师傅的指点下，同时走访了苏州许多丝绸行业的老专家，如吴文环、钱小萍等。首先从古代大花楼需要上下两人配合操作着手，对织机上面的挽花提综进行改造，采用现代提花纹版式的机械提花龙头替代人工提花操作工序。大大提高了生产效率和罗的品质，降低了生产成本和品种变化能力，使花罗的织造方式和功能品质跳出传统落后的圈子。接着对四经绞罗、妆花罗等织造机具进行了大刀阔斧的改造和绒锦罗织机的研发创新，采取了机电提花龙头与人工穿梭挖织相结合的高度融合技术。无论花纹图案的纹样制作，还是具体操作织造、面料品质，都比传统的织造效率提高了好几倍，更好地迎合市场不断发展变化的需求。

从1994年起，我开始对纱罗进行攻关研发，其间饱尝了无数次失败的痛苦，经过十多年的不懈努力，终于掌握了纱罗编织技术，并成功开发出"纱罗绞综装置及其绞综工艺"，使古老的纱罗实现了从手织到机织的飞跃，生产效率提升六十倍之多。这一工艺，也获得了国家知识产权局、中国纺织工程院专家院士的肯定和认可。随后通过对古代锦罗技艺进行潜心研究和反复试验，在素罗、花罗织机和技艺恢复方面，已然取得了重大突破。

2000 至 2005 年之间，我又对吴罗织机进行更先进的创新研发，将传统的软综织罗装置、器材和半人工、半机电的铁木织机实行了再革新、再改造，利用本厂的其他机电一体化丝织机，进行装造和器材的全新改装，又实现了一次新的飞跃。获得了国家各种纺织新型专利一百多项，收获了中国纺织工业协会科学技术进步三等奖、第八届中国创造学会创造成果三等奖等荣誉。改造后的半自动罗织机，比原来的半人工半机电织机，生产效率提高十几倍，操作看台率提高了三倍，成本大大下降，罗的面料质量大大提升，价格完全适应普通大众需求和市场消费能力，从而逐渐赢得了市场以及广大客户的信赖和追捧。

在改革开放的新时代，高新技术快速发展的 2016 至 2019 年，在我国"一带一路"方针的指引下，我再次引入国内无梭小剑杆织机和国外先进的智能化、自动化、电子化大提花高速纺织机。对更先进的织罗技艺和机械、器材又进行了第三、第四次的技术探索和创新研发，并再次获得圆满成功，真正让智能化、自动化的织罗梦想成为了现实。产量和品质又提高了几倍，在经济高度发达的今天，解决了劳动力短缺的问题，还降低了生产成本，越发满足了人们对美好事物、品质生活和精神风貌的追求。实现了罗的优秀传统文化传承和科技研发创新传承的双向发展，填补了从古到今国内织罗领域的多项技术发明空白，达到了国际领先水平。

我在二十多年的时间里，全面实施四次重大技术改造，完成了五代七个品类罗织机的创新改造，一次次突破自我，获得飞跃式的科技发展成就，彻底摆脱了落后的织罗生产模式。由此，吴罗走上了一条织造技艺智能化，即罗织设备自动化、生产流程规模化、市场销售批量化、产量价格亲民化等一系列理想的产业之路。根据国家蚕桑丝绸服装检测中心对吴罗品质的测试结果和结构品类的认可，圣龙公司获得了参与"国家丝绸及服装产品质量监督检验中心"纱罗行业标准制订权。

蓦然回首，如梦初醒。醒来发现，最初我就那么一念之差，沉浸在吴罗守正创新发展的天地里苦苦追寻梦想，数十年呀，谈何容易！好在功夫不负有心人，终于一步一步脚踏实地，从原始脚踏手拉纯木机织罗开始，到半人工半机械、半自动、全自动、智能化、电子化织罗机械的科技创新改造，一步一步走来，圆满实现个人梦想的同时，开创了人类织罗史上的奇迹。

【柒】

如何织造吴罗中的四经绞罗

在众多丝织品中，吴罗无疑是最为稀珍的品种，后世称之为丝路上的遗珠，其形态起源于远古，始于新石器时代，创新于商周时期，称其为国粹一点也不为过。吴地所产的罗，从目前出土的实物来看，主要源自战国时期的传统织造技术四经绞罗技艺以及后来的各种纱罗、妆花罗等。四经绞罗表面呈现出若隐若现的浮雕效果，与皮肤的摩擦小，便于散热，在古代，以其轻薄透气而成为最好的夏季服装面料，即使在今天，依然没有任何面料可以取代。史料中关于四经绞罗的最初产生时间、产地和消失年代等信息未见明确记载，只不过凭借大量的纺织考古资料和大墓出土实物，知晓一些相关品类结构等，一度销声匿迹，甚至断代数百年。其实，四经绞罗在日本奈良正仓院保留最多，史料保存也较齐全。据我了解，四经绞罗汉唐时期最为鼎盛，并且传到日本，在日本国得到了很好的传承与发展，各种各样的花色图案五彩缤纷、兴旺发达。时至今日，仍然没有彻底消失，还有人在使用，市场还有需求。而作为起源地的我国，进入宋代就很少提及四经绞罗，在考古中也很少有此名称出现，出土的实物更少。那么我国今天的四经绞罗又是怎么回事呢？是祖传的？是师传的？或者有人研究创新的？都不是，它是从日本返传娘家的。

在我的记忆中，至今仍清晰地记得曾经亲身经历过的那段历史。那是1972年，湖南马王堆汉墓出土了四经耳杯菱纹罗，特别是其中的素纱禅衣格外使人惊艳，其密度稀疏之极，每平方厘米经密为58根，纬密为40根，整件禅衣长128厘米，两袖通长190厘米，连同衣领、衣袖的镶边在内，仅重49克，令世人十分震撼，不能不说是个奇迹。由此引发了我国丝绸行业专家们的强烈反响，从上海、杭州、苏州、南京等地诸多纺织丝绸学院、丝绸研究所、试样厂、博物馆、国有丝绸大企业等，纷纷发起了对四经绞罗制作技艺的研究和试织，一时间众说纷纭，好不热闹。有人以为是无扣织造的，也有人认为是双线半综等等，而其成功概率几乎都为零。后来我们在与日本客商定织的和服腰带、绛丝腰带、纱带、罗带中，逐渐掌握了这一技艺。

其实，马王堆汉墓出土的四经绞罗织物，是在战国时期椒眼形的四经绞素罗的基础上发展而来的起花纹罗，这种纹罗织物的上机，需要提花软综装置和绞综装置配合织造。即左绞经和右绞经各需用半综绞织，地经和纹经丝全部用提花软综，并另加一片下开或上开口半综。织时，需要两人配合操作，织匠专司绞综脚竹掌握绞经开口并投纡，另一人专司扳提花综。汉代的罗织物主要以复杂的四经绞素罗为主，暗花织物中有经绞织物罗、起花的花罗、素色提花罗等，纹样以虚实相间的复合大罗孔菱纹花纹最著名，纹罗织造所用的绞经开口机具相对而言更为复杂。

20 世纪 70 年代末、80 年代初，四经绞罗技艺随大量的日本订单涌入苏城。当时的吴县很多乡村都办起了绛丝厂、和服腰带厂等，如光福、东渚、东山、长桥、陆慕、斜塘等地几十家绛丝厂应运而生。但是好景不长，不过十余年的光景，很多企业便纷纷倒闭。在 20 世纪 90 年代企业转制中，仅剩下四分之一的企业，其中会织四经绞罗的只有周家明、朱荣明和我们圣龙公司三家作坊企业，还在继续为日本客商织少量产品。简言之，我国四经绞罗织造技艺到日本转了一大圈后又返回出生地。

下面，我就将如何掌握四经绞罗织造技艺的过程和体会以及四经绞罗制作的具体方法，介绍给大家，希望对我国传统织罗技艺的传承起到积极的推动作用，并与同行共勉！

其实罗织物不受任何纺织机器限制，只有花、素装造的区别。我们的吴罗中四经绞罗（无绞组链式罗）在古代的大花楼织机上可以织造，但在经过现代改造后的提花龙头木织机上仍然可以织造，关键是产生组织结构的机器装造和穿综、操作工艺的变化。不同的织机同样可以织出风格完全一样的产品，只是在不同的织机上采用不同的装造结构，需配置相应的器材而已。

四经绞罗织造的步骤如下。

首先根据四经绞罗的品种，把装造图纸设计好，然后根据图纸要求进行整个机台装造的改机造机工作。待机上的装造改机造机程序完成后，进行花本制作，然后上机操作织造。其中，改造品种装造是所有提花织物产品中的关键技术，这一技术不掌握，就无法实现提花产品的生产，更不用说生产四经绞罗了。

四经绞罗织造技艺，与其他提花织物存在很大差异，比如软综器材，普通纱罗织造用的是一根经穿入单一的半综线，而四经绞罗一根经要穿入 2 个单独的半综线。另外，织造中的开口方式也不一样，普通织物都是以上开口为主，而四经绞罗必须采用上、下式开口，才能完成左邻右舍无分组的链环扭绞织造。还有筘的安装位置又不一样，普通织物包括各种罗织物，竹筘都是安装在软综的最前面，而四经绞罗的竹筘必须安装在软综（半综）的后面，在把纬线打入织口时，将软线半综随筘同时碰向织口，然后再退回后面。四经绞罗中的二经绞和四经绞椒孔，就是利用上、下双向开口形式形成的。比如一根绞经穿入还原半综时，同时也穿入起绞的另一根半综，一根纹经就穿入提花综。在织造操作时，先踩下绞经半综，形成下开口，打入纬线，完成一次编织；然后提升穿入纹经的花综时同时踩下还原半综（使绞经回到原来位置）形成上开口，完成来回绞的二经链式罗织造工艺。如需织出四经绞罗时，就要在保持踩下绞经半综时，同时提升不应该参与交织的部分经线，使罗面形成大网孔，同时显现出四根经扭绞在一起的形状，这样四经绞罗的编织程序就圆满完成了。

在这里还必须强调注意一个问题，半综软线的横向跨经穿入法，只是四经二经绞链式罗的特殊要素。在穿绞经半综时，半综软线必须要横向通过三根经线的上面和下面，最后才能把一根经线穿入半综的中间，形成 M 形的公式（如果上开口，则是 W 形的公式）。这些都是织造四经绞罗的特种工艺，望大家能感兴趣，将这门技艺在我国各地更好地传播、传承，这是祖先的智慧，不能失传。

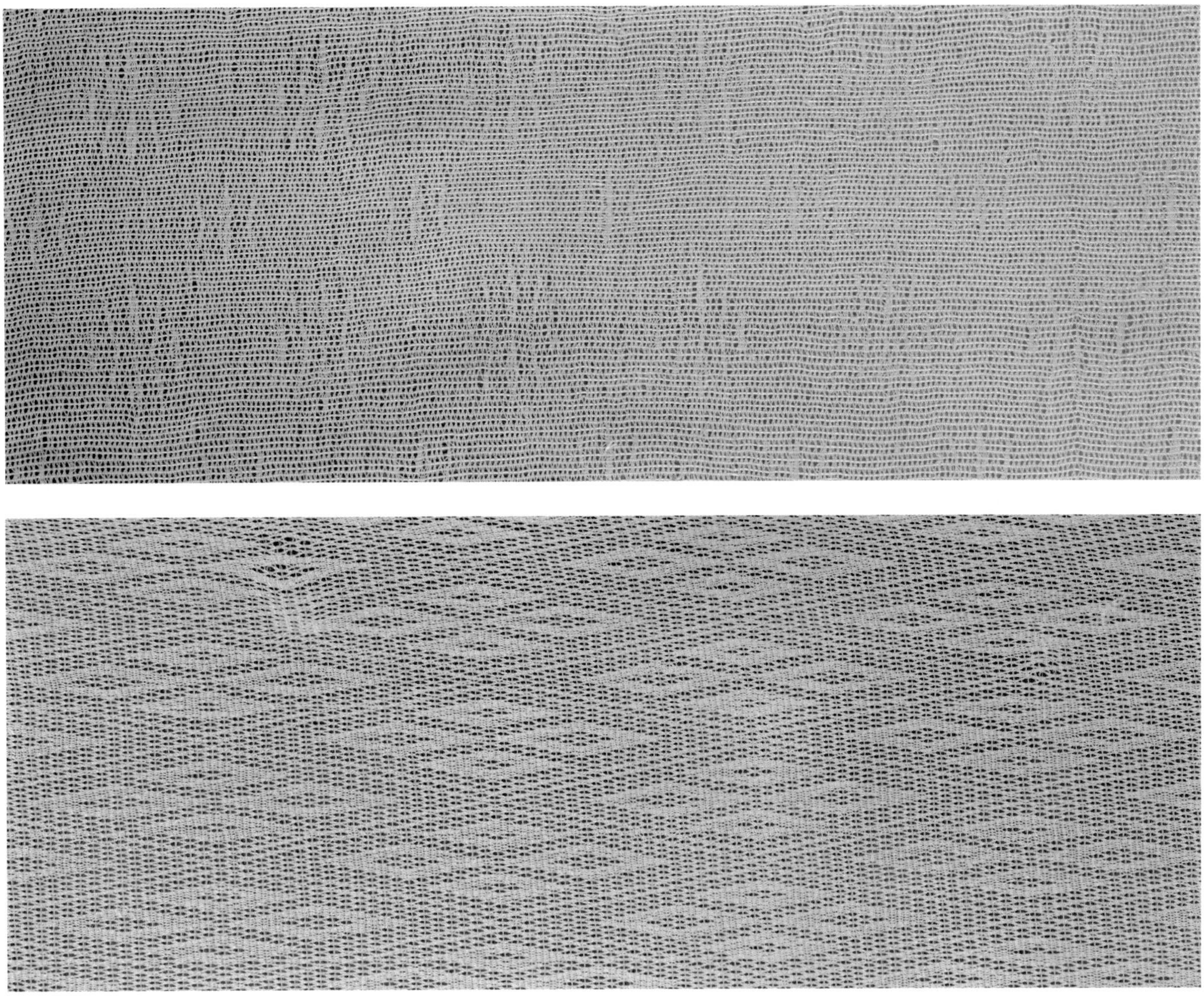

四经链式菱纹罗

手拉式机电四经链式罗提花机正面

上述是我对各种四经绞罗工艺的装造、造机织造的心得体会，仅供参考。同时希望我能起到抛砖引玉的目的，引出更多、更简单、更先进的织造方法，或者有国内祖传的技艺，那就更好了。说实话，因为我是在为日本生产罗带过程中获得的此种技术，并不是我师傅传给我的，所以对日本的四经绞罗织造技艺心怀感慨。当然，如果能恢复我们祖先当初那种原始高密度的织造器具和穿综技艺，那就再好不过了，这也是我此生梦寐以求的愿望。

【捌】

吴罗非遗织造技艺

吴罗是我国纱罗织物中最具代表性的，乃至世界上也是屈指可数的，它的罗织物品类最多，组织结构最为齐全完整，创新发展力度最大，科技含量最高，内在品质最佳，应用的领域最广，自古以来一直处于织罗领域的前列。吴罗的织造技艺，历来是以苏州为中心的太湖流域、长江三角洲一带古老的丝绸织造技艺最为出色。光福镇地处太湖之滨，过去交通较为闭塞，受工业文明影响较小也较迟，在吴地文化的滋养下，不断繁衍生息，古老的吴罗织造技艺也得以保留了它的原真性。在新时代"一带一路"倡议的带领下，在非遗传承和相关政策保护下，在全面奔小康的社会背景下，吴罗焕发出生生不息的顽强生命力。

曾经只留下二经绞罗唯一余脉的吴罗，重又精彩纷呈起来。自20世纪80年代末、90年代初开始，吴罗真正实现了织造技艺的传承和发展。其织造技艺，不单是继承和延续了历史上存在的品类和织物结构，而且还研究和复原了部分大墓出土的罗纹织物纹理结构，同时结合现代高新技术的手段，发明创造了崭新的织罗设备和新型纹理结构等织造技艺。如今，我国的经济发展迅速，百姓的生活水平不断提高，人们对生活品质的追求越来越明显，其中有一点就体现在对服饰面料的选择上。我通过三十多年的努力奋斗，使得吴罗的各种织造技艺和组织结构得到了研发和恢复，已完成六个大类六十多种结构的重生，因此，吴罗不再是藏在深闺人不识。

下面向大家展示吴罗非遗织造技艺的工艺流程，一起了解吴罗织物的品种、品位，以及在当今世界织罗领域中的地位。

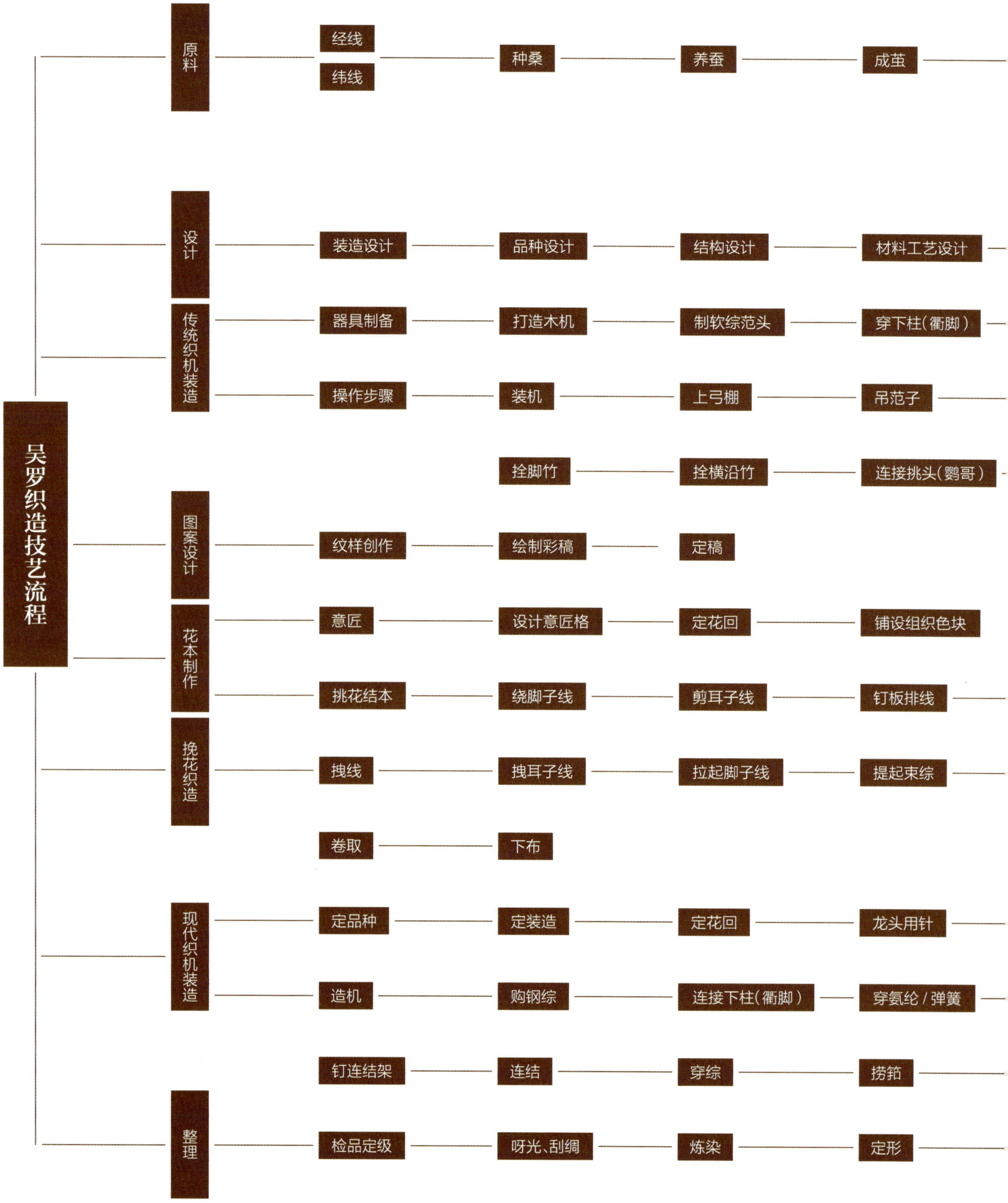
吴罗织造技艺流程
原料
经线
纬线
种桑
养蚕
成茧
设计
装造设计
品种设计
结构设计
材料工艺设计
传统织机装造
器具制备
打造木机
制软综范头
穿下柱(衢脚)
操作步骤
装机
上弓棚
吊范子
拴脚竹
拴横沿竹
连接挑头(鹦哥)
图案设计
纹样创作
绘制彩稿
定稿
花本制作
意匠
设计意匠格
定花回
铺设组织色块
挑花结本
绕脚子线
剪耳子线
钉板排线
挽花织造
拽线
拽耳子线
拉起脚子线
提起束综
卷取
下布
现代织机装造
定品种
定装造
定花回
龙头用针
造机
购钢综
连接下柱(衢脚)
穿氨纶/弹簧
钉连结架
连结
穿综
捞筘
整理
检品定级
呀光、刮绸
炼染
定形

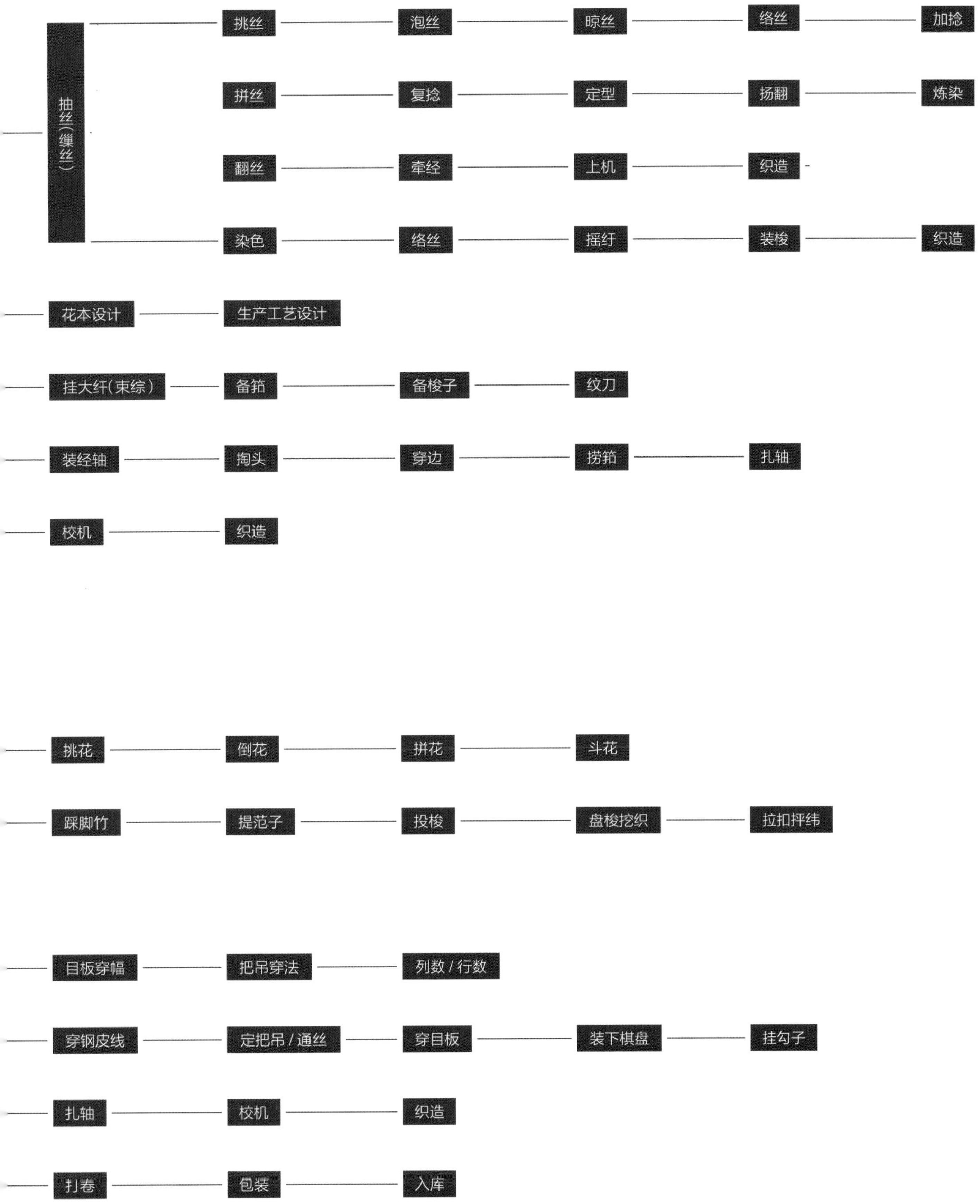
抽丝（缫丝）
挑丝
泡丝
晾丝
络丝
加捻
拼丝
复捻
定型
扬翻
炼染
翻丝
牵经
上机
织造
染色
络丝
摇纡
装梭
织造
花本设计
生产工艺设计
挂大纤（束综）
备筘
备梭子
纹刀
装经轴
掏头
穿边
捞筘
扎轴
校机
织造
挑花
倒花
拼花
斗花
踩脚竹
提范子
投梭
盘梭挖织
拉扣抨纬
目板穿幅
把吊穿法
列数 / 行数
穿钢皮线
定把吊 / 通丝
穿目板
装下棋盘
挂勾子
扎轴
校机
织造
打卷
包装
入库

纹案设计 花本制作

◆意匠

观察分析显花经线的位置

填写编号

复核位置的正确性

在排列分格

填写提花分格符号 X

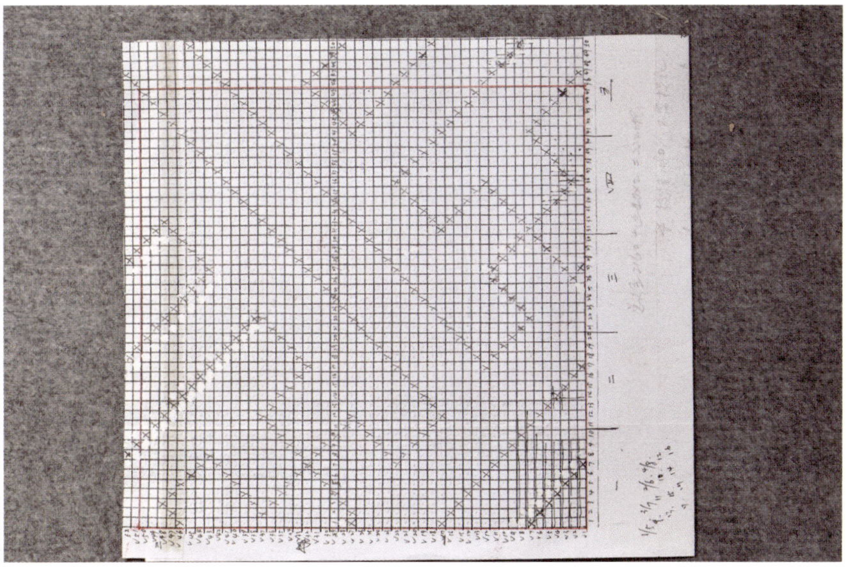

制作好的意匠图

◆挑花结本

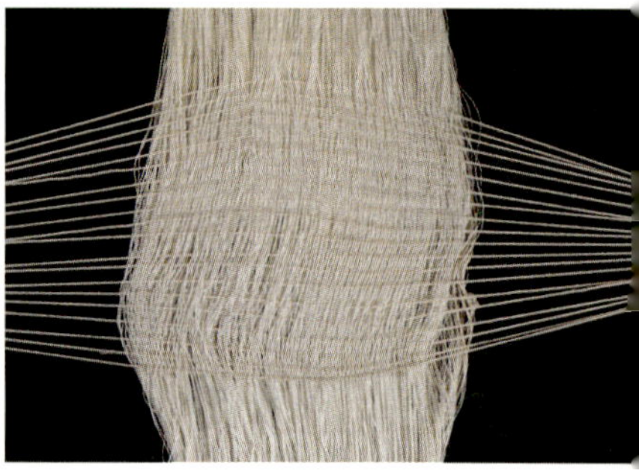

前道工序 原料准备

◆ 挑丝

挑丝

挑丝

◆ 泡丝

配比泡丝助剂

浸透，让蚕丝更均匀

◆ 晾丝

抨丝

晾丝

◆ 翻丝

翻丝

接头打结

◆ 整经

整经

整经

◆ 上经

上经扎轴

上经，将牵好的经丝卷在经轴上

◆ 摇纡

摇纡

摇好的纡管

织机装造

◆ 安装软综翻片

安装软综翻片

◆ 安装经轴

素罗织机造机穿综流程

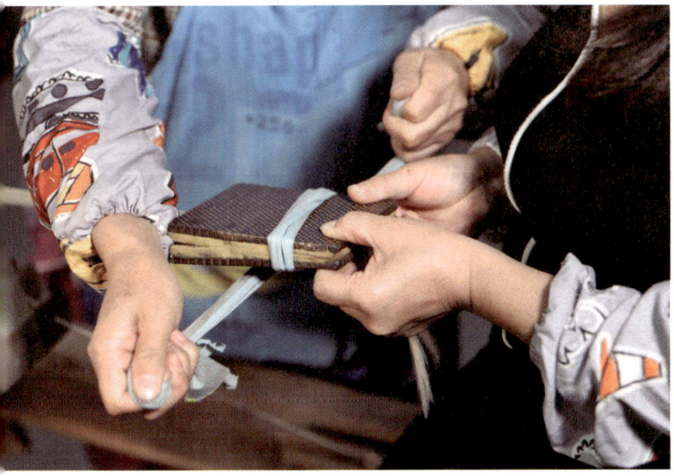

◆ 穿综

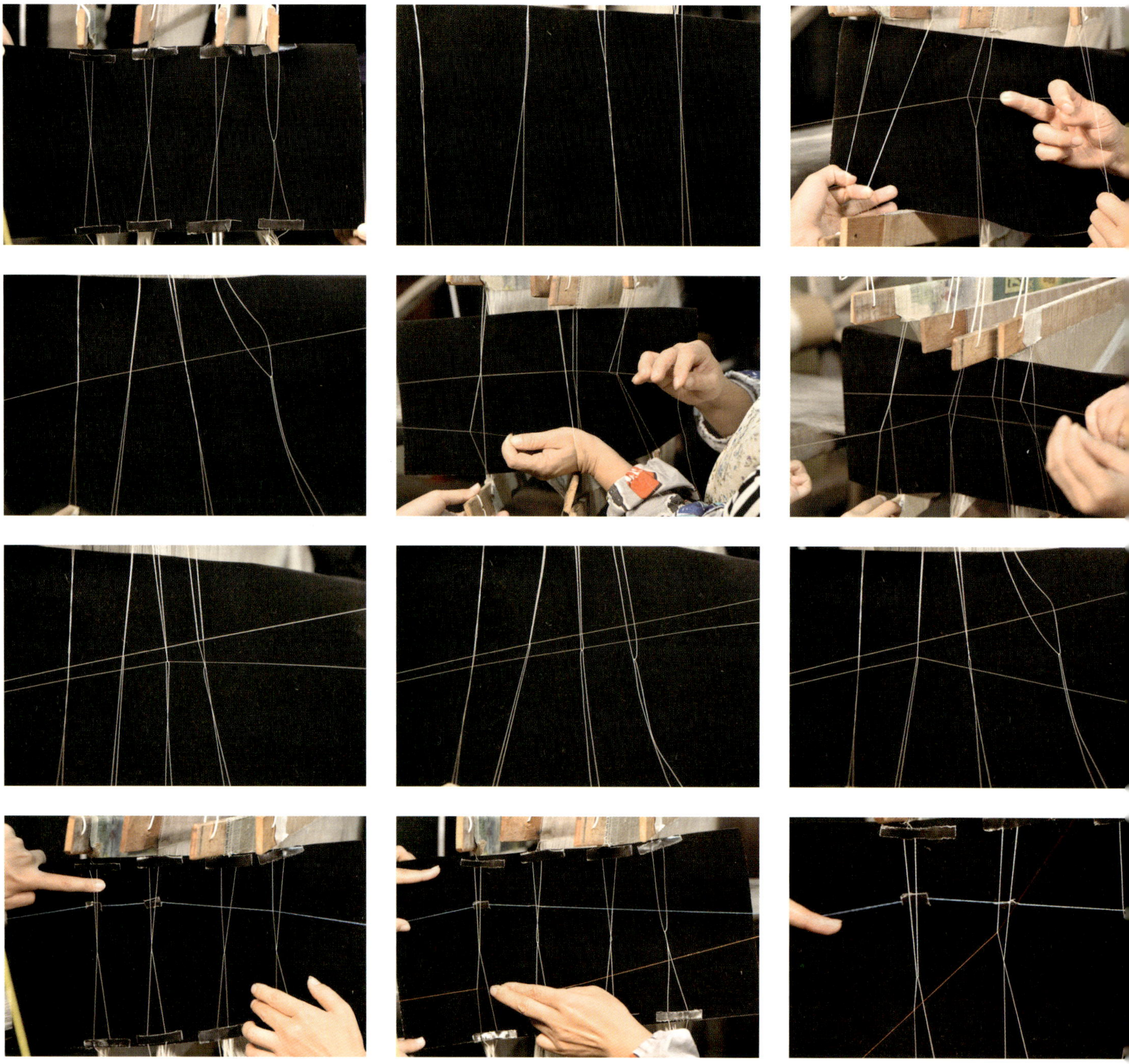

二经绞纱罗软综穿经流程图

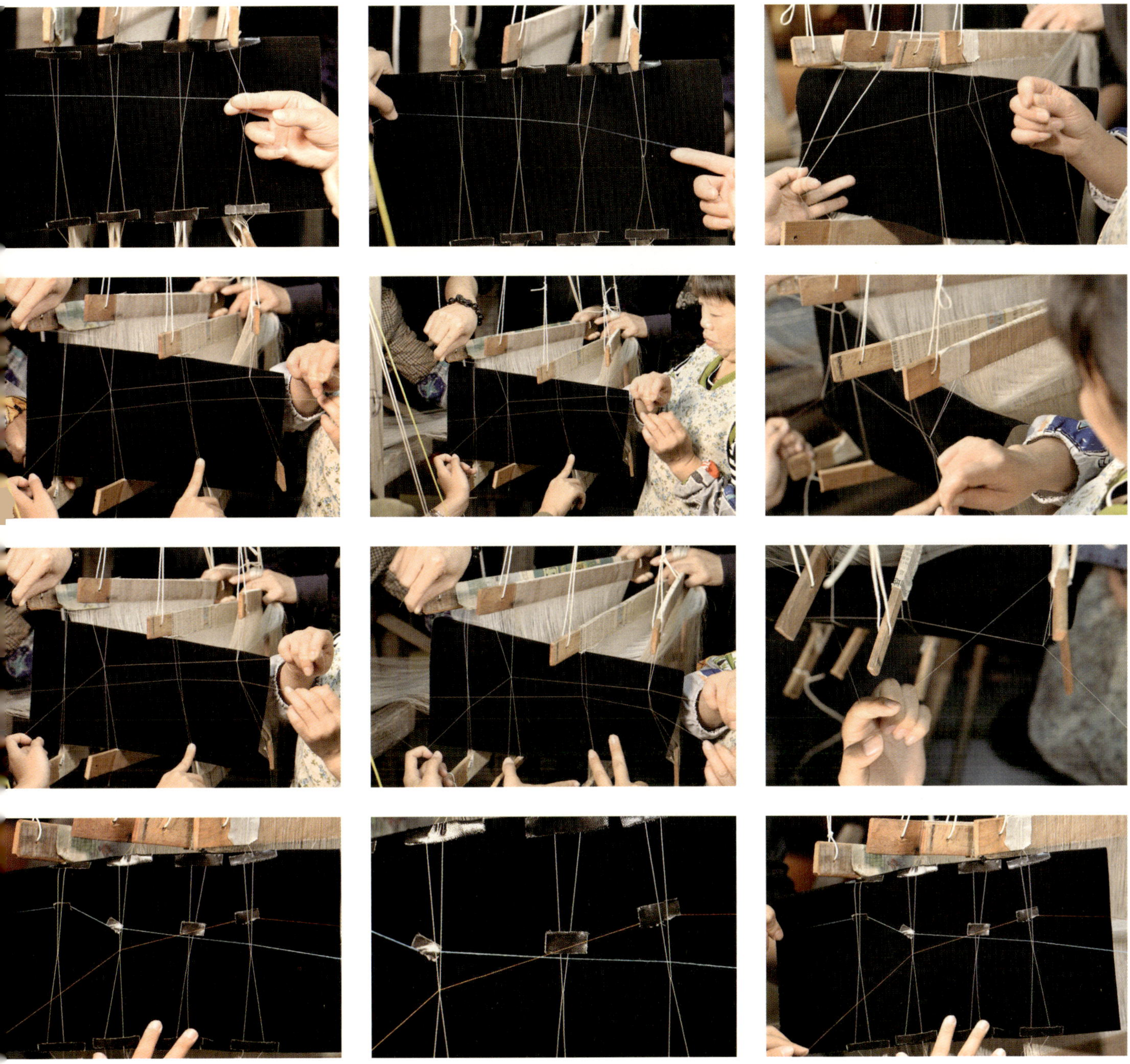

◆ 捞筘

分经

固定钢筘

使用筘刀穿筘

捞筘

安装抨筘

◆ 扎轴

穿压条

将压条压入卷布轴

扎轴卷取

◆ 连接传动系统

穿撞杆与筘座连接销子

连接传动系统

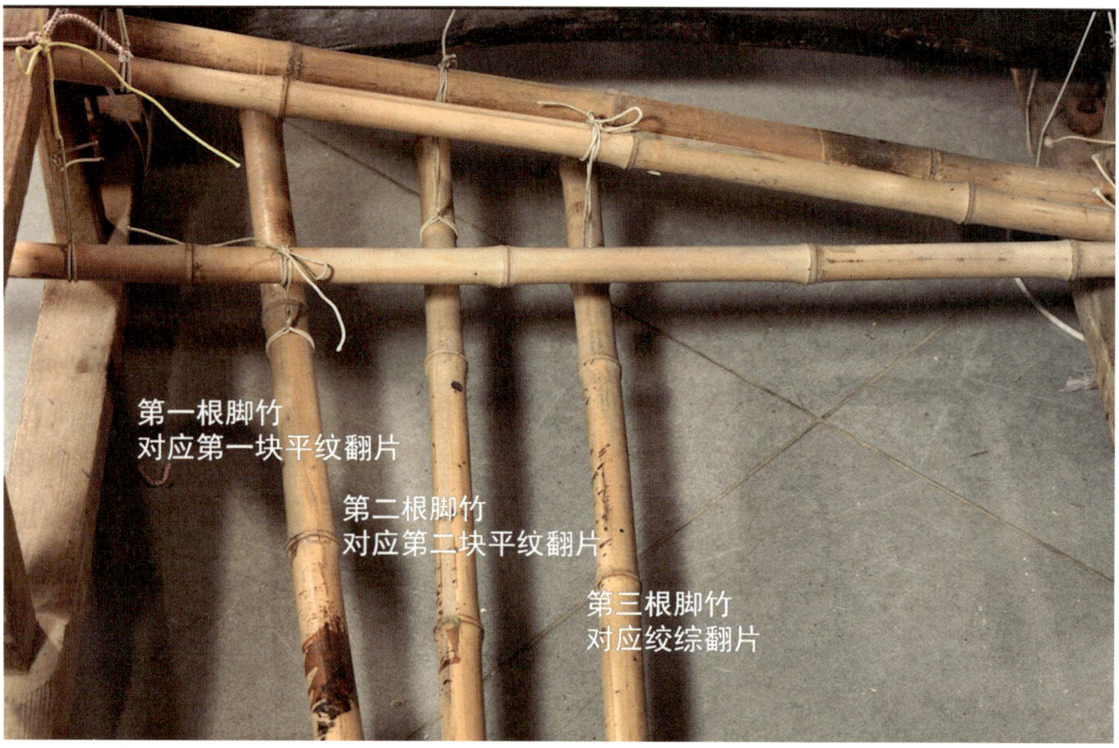

安装脚竹

固定范头

软综范头功能介绍

范头提升时形成的经面开口

◆ 调试

调试

调试

上机织造

准备织造

踩下脚竹

投梭

四经绞罗织造

四经绞罗提花综丝开口

四经绞罗铁木织机提花龙头

织造

妆花罗织造小梭

妆花罗挖织工艺

珠翠罗绮

续写吴罗今朝传奇

纵观历史，江南丝绸文化（包括吴罗），经由商末泰伯奔吴，到丝绸之路；由西晋永嘉南迁，到运河漕运；由宋室南渡，到明清时期官办“江南三大织造”（设在苏州、南京、杭州）。丝绸产业日新月异，织造技术达到了一个又一个巅峰，花色品种更是不胜枚举，苏州城市的发展和壮大，与丝绸产业休戚相关。自改革开放以来，随着科技的进步和考古的兴起，众多地下文物的发掘出土，令我们见识了古代奇绝的罗织物种类。数千年来，吴罗的各种织造技艺在出土文物、文献史料、遗址古迹等方面得到了很好的保护和延续，为后世留下了最为宝贵的艺术财富。不可否认，吴罗的织造和使用，是我国各民族政治经济发展和集体生活劳作的见证，保护吴罗织造技艺，无疑具有十分重要的历史文化意义和价值。吴罗织物曾经是吴地的产物，是古代贵族制作服饰、帘幕帷帐、屏风纱扇以及室内装饰和建筑装饰的珍贵材料。而今，吴罗依旧是在吴地注入高科技元素，续写着从皇家御用到百姓身上衣的传奇故事。下面，采撷几朵吴罗成长过程中的花絮，与大家分享。

【壹】

花罗披肩情系“破冰之旅”

2006年4月13日中午12时30分，参加“两岸经贸论坛”的国民党荣誉党主席连战携夫人一行，在香港机场登上国航CA168航班飞往北京。其间，乘务员送上事先准备好的一条藕荷色手工织造的真丝绞纱花罗大披肩，并对吴罗织造技艺作了简单介绍……连战夫人微笑着连连点头称赞并欣然接受，仔细端详后表示非常喜欢。吴罗披肩，有幸成为此次“破冰之旅”的情感纽带。

吴罗承担此次织造任务的原委，得从2005年冬季说起。一天，浙江省嘉兴丝绸公司许云峰先生冒着严寒找到我并说明此次来意，他正着急寻求能够生产“凤穿牡丹”独花纹案大披肩的企业，问我能否按照图纸织罗打样，后续可能会有订单。由于之前我们公司与许先生合作生产过大提花出口真丝装饰缎，他知道我们也能生产罗产品，所以特意前来商谈合作事宜。我接过图纸仔细研究后当即表态：吴罗的生产技术没有问题，就是独花纹案龙头用针不够，手上现有的龙头用针只有1480针，而且机上是三花装造，不适合该产品的生产。如果确定要做，必须重新改装，估算需要耗时两个月、耗资两万元。许先生当即拍板，双方谈妥，马上开始工作。

根据自己的织罗经验，我制定了改机、制作花本的流程方案，并且大胆地提出采取双龙头合并提花的设想。首先动手进行提花机的改造，同时根据披肩纹案的大小确定用针装造，一边实施机台改造，一边设计花本制作工艺。大家齐心协力，仅仅用了一个多月的时间大功告成，尽管试样围巾并不十分完美。这时许先生总算松了口气，与圣龙公司正式签订合同，并一再强调，这是一项重要任务，必须把之前他们耽搁的时间抢回来。经过修整，我们在最短的时间内，如期交付二百多条合格的花罗大披肩。这时，已是2006年春天。

就在交货一周后，许先生来电再次表示感谢和祝贺。后来我才得知，花罗大披肩是用于协助两岸“破冰之旅”的台湾经贸洽谈会，赠予连战夫妇及全体代表团成员的礼物。为了在规定时间内完成任务，浙江省丝绸协会多次召集包括许先生在内的多家国有企业领导开会，遍访全省未果。许先生甚至在湖州一家丝绸厂试织半年未见半寸面料织出来。就在得知我有把握完成时，他才放心地接下订单与我们签订合同。直到后来，北京相关部门负责人要求前往织造花罗大披肩的工厂实地考察以表谢意时，许先生不得已说明了其中原委，并且带领北京相关部门负责人来到圣龙公司参观。由此，北京相关部门又与我们公司签下了2008年北京奥运会为外国政要制作具有中国传统丝绸文化特色的吴罗礼品。

圣龙公司十分荣幸地承接并出色完成了国台办赠予连战夫妇一行的礼品——“凤穿牡丹”花罗大披肩的制作任务，其意义不言而喻，从而开启了吴罗今日的传奇故事。

“凤穿牡丹”花罗大披肩

【贰】

院士眼里的还原态功能性纱罗

圣龙公司与燕山大学联合开发的“还原态负离子多功能纱罗”成果鉴定会和“防伪纱罗商标织物”产品鉴定会，受江苏省“经信委”委托，由苏州市“经信委”主持，分别于2010年6月21日和2012年4月27日，在美丽的苏州太湖之滨举行。西安工程大学姚穆院士、中国工程院蒋士成院士，分别担任成果鉴定会、产品鉴定会的专家组组长，专家组成员有东华大学教授沈新元、中国科学院上海技术物理所教授姚鼎山、东华大学教授王庆瑞、苏州大学教授司马杨虎、中国针织协会中国保健协会高级工程师许东，国家丝绸及服装产品质量监督检验中心研究员级高工杭志伟。

纱罗是真丝绞经织物，与绫、绸、缎同属丝绸一族，历代王公贵族除了自用还以此作为封赏、贻赠的珍品。鉴定会上，我全面介绍了纱罗深厚的历史文化和精湛的织造技艺。燕山大学教授李青山就负离子的产生和织物释放功能，从而改善睡眠、抗疲劳以及中药与蚕丝融合护肤，还原态功能性纱罗织物的开发应用等方面，作了详细介绍。

专家们对鉴定的成果和产品进行严格的质询、讨论和评审后认为，“还原态负离子多功能纱罗”，经过负离子材料和中药相互作用，具有释放负离子功能，可以起到改善睡眠、抗疲劳等保健作用。“防伪纱罗商标织物”，具有明显的凹凸形态和磨砂手感，罗孔中央显现的文字或图案、绳状绞转结构等特点，与普通防伪商标相比，织造技术难度大、产品保真度更高。

最后，经过教育部科技查新工作站G11查新证明，目前国内尚无相同技术和产品，在国际上也属领先。有鉴于此，一致同意“还原态负离子多功能纱罗”“防伪纱罗商标织物”的技术成果和防伪产品通过鉴定。

业内人士认为，要振兴苏州乃至中国丝绸业，除降低丝绸产品的生产成本外，还需不断开发新产品，开拓市场的应用领域。此次通过省级鉴定的新成果、新产品，就赋予了纱罗新的功能，适应现代人的健康和防伪需求，从而满足经济、科技等方面与日俱增的发展需求。

《还原态
果鉴定会

还原态负离子多功能纱罗
和防伪纱罗商标织物
省级新产品鉴定会

还原态负离子多功能纱罗
和防伪纱罗商标织物
省级新产品鉴定会

两次省级鉴定会现场

【叁】

故宫乾隆花园槅扇窗的秘密

"2011年苏州金秋丝绸文化旅游节"拉开序幕,吴罗很荣幸第一次受邀参加产品的展出。展会上,对罗感兴趣的人络绎不绝,各地的新闻记者也不少,其中《苏州日报》的记者姚永强先生有点特别,他不仅仔细察看我们的罗衣、罗巾、罗扇、罗包、罗披肩等花罗产品和几十种吴罗面料,还一再要求去我的织罗工坊看更多的品种。于是,在工坊众多罗小样中,他拿起一片纳纱绣方孔罗……没过几日,姚先生带着漆艺大师林怡老师来到吴罗工坊。原来他们正在为修复北京故宫乾隆花园符望阁漆纱窗而伤透脑筋,这事得从头说起。

2006年3月起,故宫博物院与美国世界建筑文物保护基金会对符望阁进行整体保护修复,这一保护修复工程预计历时10年。符望阁是乾隆花园中最为精美的一处建筑,但该工程启动三年多,作为内部装修重要一环的漆纱窗,究竟是由什么材料和工艺做成,中外相关专家组成的专家小组始终未能找到满意答案。经美国专家多次试验分析,得知漆纱窗是以丝织物为底,着以有机介质,并贴金箔,再于窗的四角贴上绘画作品,多元艺术融合在一起制作而成,然而漆纱窗之谜仍未完全解开。这座乾隆皇帝的秘密花园,所用的传统工艺数百年来大多失传或散落民间。专家组遍访全国各地,先后赴苏州、杭州,又奔波于广西、贵州、四川等地,通过撒网式搜索,依旧无功而返。故宫博物院宫廷部专家苑洪琪亲临江南数次访"罗",也空手而归。不轻言放弃的中外专家团队,坚信清乾隆时期苏州工艺最为发达,许多工艺品都是由苏州进贡,在此应该能找到源头。后来,终于联系到了苏州漆艺专家林怡,林老师认为,外国专家说的有机介质,其实就是中国的大漆,大漆本身可作黏着剂使用,并有防火、防潮、透气的作用,涂在丝织物上并贴以金箔和绘画,就能制作出精美实用的漆纱窗。就在此时,因缘际会,流落民间的吴

复制的故宫乾隆花园符望阁槅扇漆纱窗（选自《中国艺术报》）

李海龙与北京故宫博物院宫廷部主任苑洪琪等专家商讨乾隆花园修复事宜

故宫博物院专家与三位苏州工艺大师一起探讨

罗奇迹般地出现在展会上。

话说回来，那天林怡老师带着样本来到吴罗工坊。我仔细对比分析，确定故宫漆纱窗所用的罗，称汉罗，是制罗技艺中最为古老的一种，当时我已经复原成功。这个消息令林怡老师看到了希望，她当即带回一片汉罗，对其进行刷漆、贴金，制作样本送到故宫专家小组手中，被一致认可并通过。

美国专家鉴定分析制作故宫漆纱窗的丝织物正是中国传统丝织物罗，漆纱窗四角的贴画技艺，又是苏州灯彩省级非遗项目传承人汪筱文老师擅长的，加上漆艺专家林怡老师，三位苏州工艺大师联手，经过反复试验，制作的样品赢得了严谨的中外专家组认可。2012年8月15日《苏州日报》整版刊登《故宫漆纱窗在苏成功复原》，大致内容如下：故宫，这座600年前由苏州"香山帮"匠人修建的皇家宫殿，再次与苏州艺人结缘。被称为乾隆花园的故宫宁寿宫修缮工程正在有条不紊地进行，乾隆花园中最为精致的一处殿堂符望阁的漆纱窗，由苏州三位非遗传承人、工艺美术大师联手成功试制复原，今天故宫博物院派出的专家小组将抵苏取经。

故宫博物院宫廷部专家苑洪琪、纸质研究专家吴钟等一行，通过深入交流，对苏州的精湛工艺赞不绝口，在通过漆纱最后一道贴画工艺的试验并验收后，双方正式签约。苑洪琪先生激动地说："看似简单的一页纱窗，要恢复出来却是一项跨行业的综合性工程。""这原本看似不可能的一件事，但苏州几位工艺师把漆纱这门失传的工艺救活了。"经过检测，符望阁槅扇漆纱以罗为底，施以漆艺并涂金，再双面贴纸窗花，融合了制罗工艺、漆艺和纸彩绘制三种传统工艺于一窗。幸运的是，这三种工艺在苏州都得到很好的保留。经过数月的努力，按故宫原物一比一的比例制作的漆纱样本终于完成。这是我们当代工艺师、非遗传承人的职责，也是苏州的荣耀。

【肆】

金罗纨扇藏秘笈

小巧精致的罗扇，历来是大家闺秀、小家碧玉的最爱，历代文人雅士的笔下手执罗扇的女子，柔肠百转、千娇百媚、仪态万千，如此精美绝伦的画面，总是让人浮想联翩，怎不叫人又爱又怜？如唐代白居易《和梦游春诗一百韵》有“韦门女清贵，裴氏甥贤淑。罗扇夹花灯，金鞍攒绣毂”，杜牧《秋夕》有“银烛秋光冷画屏，轻罗小扇扑流萤”；宋代姜夔《越女镜心·别席毛莹》有“罗扇小、空写数行怨苦。纤手结芳兰，且体歌、九辩怀楚”，吕渭老《浣溪沙·微绽樱桃一颗红》有“断肠声里唱玲珑。轻罗小扇掩酥胸”；元代张可久《【越调】小桃红－寄鉴湖诸友·夜宴二首》有“砑金罗扇当花笺，醉草湘妃怨”，白朴《天净沙·夏》有“纱厨藤簟，玉人罗扇轻缣”；明代袁凯《新蝶》有“怯露依芳蕙，惊风入绣帏。莫将罗扇扑，更待满园飞”，蔡羽《蛱蝶篇》有“相邀入罗扇，起舞颦蛾眉”；清代项鸿祚《清平乐·池上纳凉》有“醉来扶上桃笙，熟罗扇子凉轻。一霎荷塘过雨，明朝便是秋声”等等。即使寻常女子，只要巧弄罗扇，便是可人儿一个，此时此刻，罗扇的实用功能已不再重要了。

然而，在现代人的日常生活中，罗扇似乎很难见到，如果长此以往，制作罗扇的技艺岂不是也要再度失传？我一直在思考这个问题。开发此扇的想法，自2012年参与故宫内乾隆花园符望阁漆纱窗的修复工作时便产生。就在漆纱窗修复完毕，我突然来了灵感，能否将吴罗、漆雕、灯彩与清宫漆纱窗工艺结合起来，开发新的丝绸产品呢？比如罗扇？于是，我将宫扇艺术与丝绸艺术在传统的基础上加以创新和开发，在三位老师的共同努力下，第一把髹金吴罗雕绘纨扇很快制作装裱完工，其制作流程和工艺，与复制符望阁漆纱窗基本相似，不同的是这次有了经验，合作起来相对轻松容易得多。纨扇以吴罗为载体，林怡再施以漆雕、髹金，汪筱文用灯彩植物颜料在罗上作画，

髹金罗雕绘纨扇（花卉图）

髹金罗雕绘纨扇（海屋添筹图）

髹金罗雕绘纨扇(海屋添筹图)

尹康用香妃竹做骨架，宋锦为装饰，集吴罗、漆雕、制扇、灯彩多种非遗技艺和智慧于一扇。罗扇上的这幅《海屋添筹图》，有着云端耸高阁、下海涌波涛、仙石长灵芝等传统图案，蕴含吉祥寓意在其中。就这样，一把古色古香、精美绝伦、充满神秘色彩的美人纨扇便完美呈现了，仿佛从古画中走来。为了更好地保护和传承我国优秀的传统文化，我于 2014 年 5 月 29 日，将罗扇捐赠给了中国丝绸档案馆，作永久收藏。

吴罗纨扇的成功开发，使我信心倍增，吴罗灯罩、吴罗屏风、吴罗桌旗、吴罗窗帘等，一系列高端丝绸家居用品陆续研发成功，其中不乏一些高科技养生保健的丝绸产品。这些产品的推出，使苏州的丝绸品种更加丰富多彩，百姓生活环境更加舒适安逸。

【伍】

金罗袈裟

2013年，正值中国佛教圣地五台山普寿寺梦参老和尚百岁寿诞之际，由苏州台商妇女联合会（下称“台联会”）陈萍萍女士牵线，委托我织造制作一件国宝级传世“金罗袈裟”，作为寿辰贺礼。于是，吴罗有幸与佛教结缘。

金罗袈裟的缘起，说来话长。我平日里繁忙的工作之余，喜欢以打坐的方式减压。有时去寺院，特别是炎热的夏天，看到大和尚身披的袈裟全是化纤面料，闷热不透气。于是我就想，如果有朝一日能让我为佛门织造一件庄严舒适的吴罗袈裟，岂不是一件善事？真是无巧不成书，2012年9月，圣龙公司在接待“台联会”陈萍萍等一行参观团考察我的锦罗艺术馆时，因缘巧合，有幸为五台山梦参法师百岁寿辰筹备贺礼。

在开始工作之前，我对梦参法师的生平作了全方位的了解。得知他13岁离家当旧兵，不满一年就出家为僧。在西藏住了十几年，特殊年代不知何故入狱，三十年的牢狱改造，他从未放弃吃斋念佛。出狱后于北京佛学院担任住持，经常云游全国各大寺院以及美国等地讲经弘法。他在60多岁时得过肠癌，身上常年挂着一只粪袋，但他不惧生死，一心向佛，依然精进修行。法师的生平让我感动，决定为他做一件传世袈裟，作为古寺的收藏，也可作为吴罗织造技艺的弘扬和传承。

我择日到北京拜访社科院考古研究所特聘研究员王亚蓉先生，汇报并且商量“金罗袈裟”之事。在王先生的指点下，选择了清代皇帝供养他师父的金龙袈裟作为样本，设想制作一件将苏州传统丝织技艺——织、绣巧妙融为一体的“金罗袈裟”。

策划设计方案得到“五台山组委会”一致通过，紧接着进入漫长而辛勤的制作过程。先是挑选丝线，对绫、罗、绸、缎各种辅料进行定织、定染，定织制作2500块八宝纹、五福祝寿的盖经布，寓意2500年前佛法传入我国。同

中国社会科学院考古研究所马建芳为金罗袈裟封针

金罗袈裟局部

时到南京国家级非遗金箔厂定制24K/98金的圆金线和纯银线，一并完成金钩玉环的定制。选择盘金钉绣高手也是重要环节，我们从招募的几十位巧匠中选定8名既有佛心又身怀绝技的高手，进行理论培训。工作前进行个人清洁，在佛教音乐声中进行盘金钉绣，一天又一天，周而复始，默默工作近一年。在所有半成品顺利完成时，请来了中国考古研究所的古代针法缝制专家马老师，对袈裟进行圆满合拢缝制。在苏州市政府统战部门领导的组织下，召集苏州佛教界各寺院的住持，区、镇统战部门，台商协会代表，五台山佛门代表等，举行了隆重庄严的金罗袈裟封针仪式。2013年7月，组织袈裟护送代表团，至五台山真容寺作永久供养收藏。

“金罗袈裟”的整个制作过程，在王亚蓉先生的指导下，由我组织策划并亲手设计，参与人员达125人次，生产流程180多道，非遗单位2家，国家、省、市级专家、大师12名，耗时612工时。袈裟宽126厘米、长246厘米，四周以盘金钉绣如意祥云、双龙戏珠为纹案，内饰125个银线绣成的福田格和127个金线绣制的不同篆书字体的“寿”字。总重量为1030克，耗用吴罗285克，绸、缎299.5克，丝线6克，24K/98黄金线213.5克，纯银线171克，白玉55克。集诸多江南传统手工技艺，以真材真艺真功夫，真心诚意制作而成。并以此为契机，恢复更多的优秀传统手工技艺。

金罗袈裟

【陆】

中国古代锦罗织物实验考古研发中心成立

自成功复原古代锦罗制造工艺后，"吴罗织造技艺" 被列入 "大熊猫" 保护行列。2013 年正值春光明媚之时，中国社科院考古研究所、文化遗产保护研究中心与圣龙公司联合成立的 "中国古代锦罗织物实验考古研发中心"，在光福古镇揭牌落户。

2013 年 3 月 15 日《苏州日报》刊登了题为《中国古代锦罗织物实验考古研发中心落户光福》的报道，大致内容如下：日前，国内首家成功将锦罗技艺运用于考古实验的 "中国古代锦罗织物实验考古研发中心" 在苏成立。苏州圣龙公司作为锦罗技艺的恢复者，成功 "借智" 中国社科院。圣龙公司将传统纺织工艺与 "考古实践" 紧密联系，在恢复锦罗技艺的过程中，实现了文化与科技的融合，开辟了文化、科技发展的新思维，加快了特色传统工艺、民间文化资源的传承弘扬与创新发展，推动了吴中区工艺文化产业又好又快发展。社科院考古研究所特聘研究员王亚蓉先生在揭牌仪式上激动地说："攻克花罗各种制造工艺，就像数学界的哥德巴赫猜想一样，是一个攻关的难题。" 虽然国内不断出土商周以来的花罗和素罗，但由于工艺、机具的失传，现代工艺还无法仿制。中国古代锦罗织物实验考古研发中心的成立，可以通过科研与生产相结合的方式，对考古发掘的纺织品、服装等罗的织造工艺进行研究保护、还原复制以及市场推广，这意味着我国纺织考古事业进入一个实验考古学的新阶段。

中国社会科学院考古研究所、文化遗产保护研究中心，长期致力于纺织考古现场发掘和保护工作。他们的纺织品保护研究工作室是国内首屈一指的纺织品文物修复保护单位，在获悉苏州已攻克纱罗织造的难关后主动找到我，就如何对考古发掘的纺织品、服装进行研究保护、还原复制等达成协议。研发中心成立后，重点对古墓挖掘出的古代纱罗等进行考古、复制，同

中国社会科学院考古研究所的领导、专家与苏州市、吴中区领导共同揭牌

王亚蓉先生给李海龙发聘书

时对这门失传工艺进行文字资料等的保留传承。修复古物的同时，逐渐向制作现代化高端产品过渡。传统工艺如何与国际潮流相结合，如何使民族元素登上国际舞台等，都将是研发中心下一步考虑的问题。

【柒】

敦煌壁画中人物的服饰

《垂衣裳》是北京服装学院与敦煌研究院合作，复原敦煌画像中人物服饰形象的一本书。敦煌图像中的人物服饰形象大致可以分为三类：供养人的服饰，故事画、经变画、史迹画中世俗人物的服饰，佛国人物的服饰。北京服装学院民艺无香敦煌服饰复原工作室，选取第一类图像中的几组典型服饰作为形象复原样本，对应文献考证，并与同期出土实物对照，共完成服装复原8套14件，品类包括袈裟、男子袍服、女子袍服、襦裙等。涉及多种工艺技法，衣料为传统罗、绫、绢等，大部分使用植物染色，而其中罗面料的使用，均为吴罗。

2013年夏季的某一天，圣龙公司办公室迎来了一批北京服装学院的师生，学生中不乏研究生、硕士生，他们从杭州考察中国丝绸博物馆后来到苏州。带队的蒋月秋老师，在了解我们吴罗的过程中，谈及他们学校正在复原制作敦煌莫高窟壁画上汉唐服装、服饰时，不断流露出急切的情绪。当看到我们公司拥有的品种繁多、厚薄不等、花色各异的花罗面料时，蒋老师万般欣喜，并迫不及待地提出："李老师，能否根据我们的花纹图案帮忙织造一些花罗面料？" 此时的我很少与高校打交道，当看到面前这群老师和学生既着急又惊喜的神态，而且对吴罗又是这么感兴趣，感动之余怎忍心拒绝？在洽谈交流中得知，由于学校经过几次反复试制，经费所剩无几，希望我为学校无偿提供面料。如果试制成功，在学校举行展览或活动时，将邀请我们共同出席，并在即将出版的《垂衣裳》中说明，"中国古代锦罗织物实验考古研发中心李海龙先生提供了复原服饰材料的支持"。还说在今后的工作中进行校企合作，为圣龙公司做一些策划设计和宣传推广。听到这里，我表示为学院作无偿奉献义不容辞，当即答应了他们的全部请求。

在短短的三个月内，经过全班三十多位师生和我们的共同努力，圆满出

李海龙与蒋月秋研究敦煌壁画人物服饰所用面料

色地完成了该项目的复制任务，得到了敦煌研究院专家的认可与好评。复原项目中，吴罗无偿提供了13套各种花卉纹案的暗花罗、实地罗面料数十米。后来去北京参加活动时了解到，他们已经复制过三次，均以失败告终。先后跑遍全国各地采购的各种普通丝绸面料，包括最薄的绢、柯梗纱、雪纺等，都达不到理想的效果，面料光泽和视觉感都无法回归到汉唐时期那种特有的状态和情景。自从采用了吴罗，制作出来的服饰件件如同原版，无论是服装色彩还是服饰搭配。穿着起来，更是让人有种穿越时空的错觉，仿佛身临其境回到汉唐，在展演中得到专家们的认可和赞叹。为此我们也深感荣幸和欣慰，为弘扬中华民族的优秀传统文化，又做了一件有意义的事。

复原唐代《都督府人礼佛图》服饰（北京服装学院蒋月秋提供）

复原五代回鹘王及天公主服饰（北京服装学院蒋月秋提供）

复原敦煌壁画《都督夫人礼佛图》中人物服饰（北京服装学院蒋月秋提供）

【捌】

北京 APEC 领导人的妆花罗服饰

2013 年 11 月 26 日，从电话那头传来北京储总兴奋的声音："有一个好消息要告诉你，你肯定喜欢，植物染色吴罗有客户订单啦。另外还有更重要的呢，是有关北京 APEC 会议的大事，我们见面谈。"我听了连忙说："喜欢，肯定喜欢，谢谢，我在苏州恭候储总！"

2013 年 12 月 13 日上午，储总陪同中国服装高等专业学府——北京服装学院的资深服装设计师尤咖副教授来到我的工作室。互相问候之后，储总说："我带来了一位贵客登门拜访，打扰了！"我连忙说："储总客气了，欢迎欢迎，请坐请坐！我知道你能亲自陪同的人，肯定不是一般之人，不是名人就是贵人。"果不其然，要务在身的尤老师迫不及待地说："李老师您好，我叫尤咖。之前经常听储总介绍您神奇的吴罗织造技艺和很多吴罗面料品种，一直想拜访您，今天才来，不好意思。"我听了倒有点不好意思："没有没有，你别听储总瞎吹，这个不稀奇，我只不过是用绞织方法织造了带有网孔的丝绸，是绫罗绸缎中的一个罗织物品种而已。"储总说："吴罗可不是一般的普通丝绸哟，市场上踏破铁鞋也无处可觅的珍稀丝织品。李老师，今天我带尤咖老师来是有一件重要的事想与你商量，不知能否得到你的鼎力相助和通力合作？"我说："不用客气，我同你又不是初交，什么事快说来听听。"储总说："是这样的，尤咖老师是北京服装学院的老师，曾经是中国将军装的设计师。最近又接到学校通知，要求她参与为参加北京 APEC 会议的领导人设计制作礼服的工作。这是一件重大的政治任务，所以压力很大，来找我探讨商量，想邀请你一起参与和帮忙。"我听后笑了："哦，好事呀，但是这么重要的事情我恐怕帮不了多少忙吧？具体想让我做些什么呢？"尤老师说："李老师您老别太担心，我先把我们学校的情况和我个人的设想向您汇报一下。明年北京 APEC 会议组委会的服装设计竞选工作刚刚开始启动，我们学校派三名设计师参与竞选，全国大概有72家单位参选。时间在明年8月份之前要完成三轮的竞选工作，并决出最后10名候选人和服装服饰品种参加总决赛。但这个事情对外是保密的，谁泄密谁就要被取消参选资格，所以不管和您的合作成功与否，都请做好保密工作，对外绝对不能泄露任何信息，更不允许做宣传。我个人设想是这样的，听了储总的介绍和对您的初步了解后，首先对您老的人品是认可的，对您所掌握的吴罗织造技艺也是肯定的。罗的历史文化底蕴最为深厚，是历代皇家服饰的御用品，尤其是妆花罗技艺更是超越其他锦类品种，是衣冠服饰中独占鳌头的珍品，况且在全国几乎没有同类的竞争对手，这方面应该没有太大问题。然而我们对面料的图腾设计、色彩搭配和服装形制设计，才是重中之重。图腾设计方面，我考虑到APEC会议都是国家和地区的领导人物，因此选择了我国的《千里江山图》和《富春山居图》为题材。实行每位领导人服装织入局部的江山图腾，并标志其国别名号。在会议开幕式上，各国及地区领导人排列成前后两排时，就可以展现出一幅气势磅礴、中西合璧的江山画卷，蕴含着预祝参会国家国泰民安、友谊长存之寓意。还有相关女领导人的服装中，还需采用缂丝、苏绣等技艺镶嵌肩花、胸花等特色纹案。最后是服装的设计和服饰围巾等配饰纹案、色彩的设计，以中华优秀传统服饰礼仪文化为依托，在中西装元素的基础上进行新中装形制的设计。这是基本设想方案，具体男女正装、礼服、常服、配饰等事情，需要我们三方达成共识，并在开展合作后再作详细实施。”

听完尤老师的预案介绍，我激动地说：“你确实有着别的一般设计师不具备的大将风范和一衣难求之气度，真是高端时尚文化服饰之典范，敬仰敬仰！这是件系统工程，难度不是一般的大，对我来说极具挑战性，心里很忐忑。首先是技艺难度高，妆花罗这门技艺在国内已经失传数百年之久，目前只有我们吴罗织造技艺中保留‘一台机、两个人’的原始织造方式，要分别织出彩色洒金的几幅江山图，可见其工程了得。其次是耗费财力之大，每件服装都是孤品，其意匠之烦，制作独花花本成本之高，动用人力物力和增加装备改造之艰苦。关键问题是无法借助现代化设备生产，因此造成时间之长，难度之大，工作之烦琐，责任之重大，我真不知能否担此重任，但也是一次难得的自我挑战机会，既艰巨又光荣。尤老师要慎重考虑，三思而行。”尤老师说：“要不我们先打个片样，看看效果和成本费用等。我回北京后先把局部山水图寄给您，您抓紧先制板打个片样再说。”储总表示赞同，我也同意。于是，就在2013年末至2014年初，拉开了为APEC会议领导人服装服饰进行染、织、缂、绣的序幕。当然，在规定时间内吴罗交出了令所有人满意的答卷。

现将“APEC服装系列面料设计说明”摘录如下：“本系列作品的面料采用是传统的面料——罗。罗最早起源于6000年前，唐朝发展到鼎盛阶段。因其舒适、透气、华贵等特点，历来是宫廷和上流社会的穿着面料。而到清朝后期随着国外化纤类产品的进入，罗逐渐消失，织造工艺也基本失传。其特有的编制机器在工业化发展中没有得到完整的保存。现在，尽管在民间还能寻找到少许花纹织法比较简单的绞纱织物。但由于工艺、机具的失传，现代工艺无法仿制还原图案复杂的花罗珍品了。可喜的是在马王堆考古研究中，该技术再次被后人发现，现在中国古代锦罗织物博物馆重拾绞纱编织技法并对机器加以改造。本系列作品通过中国古代锦罗织物博物馆的技术研发织造出别具韵味的山水‘妆花罗’，这是中国手工织造技术的又一重大突破。将象征吉祥、高雅与尊贵的花罗重新展现给世人，鉴赏图案之余，品其经纬间缠绕之精湛技艺，领悟中华传统文化的博大精深，续写中国丝绸之路的历史新的篇章。目前，‘吴罗织造技艺’是非物质文化遗产之一。”

APEC 会议领导人服饰展示

APEC 会议领导人服饰妆花罗面料纹样采用《富春山居图》局部

APEC 会议领导人服饰设计稿

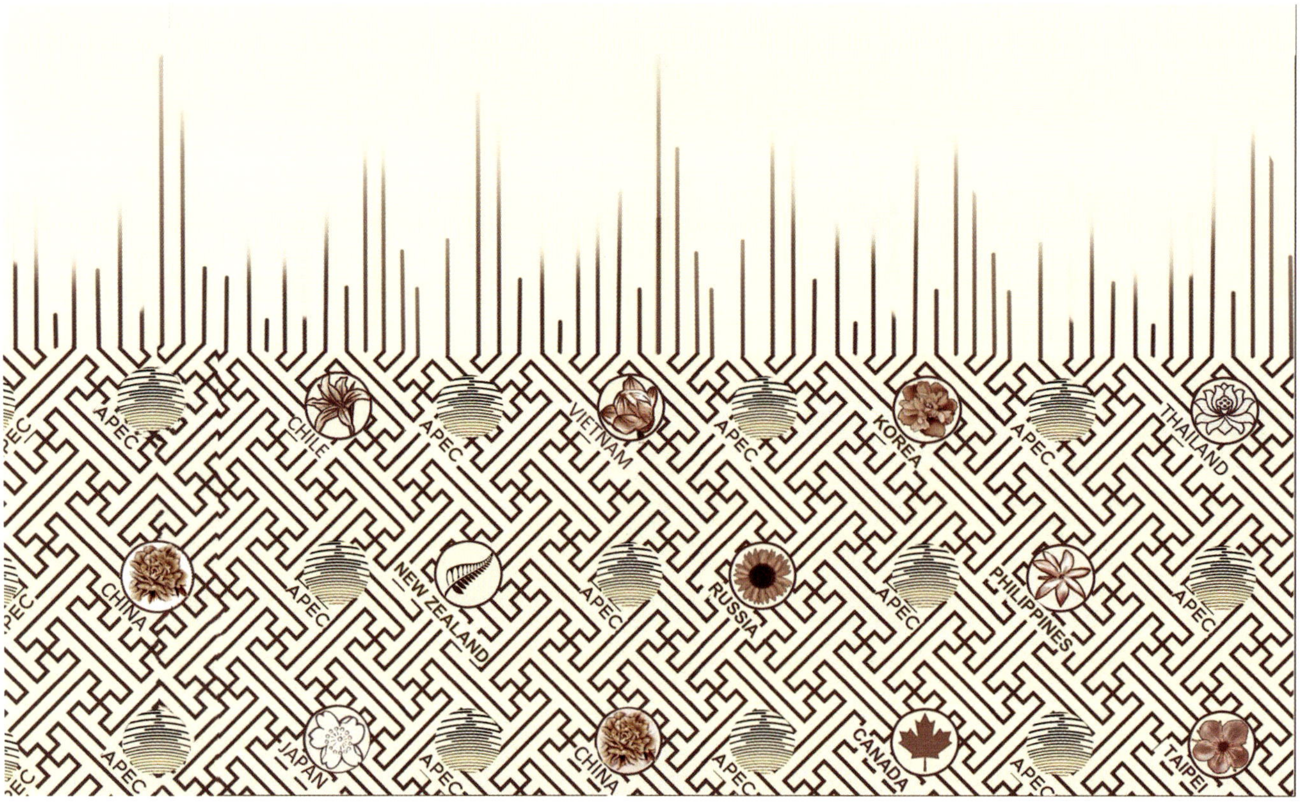
APEC
CHILE
APEC
VIETNAM
APEC
KOREA
APEC
THAILAND
CHINA
APEC
NEW ZEALAND
APEC
RUSSIA
APEC
PHILIPPINES
APEC
APEC
JAPAN
APEC
CHINA
APEC
CANADA
APEC
TAIPEI

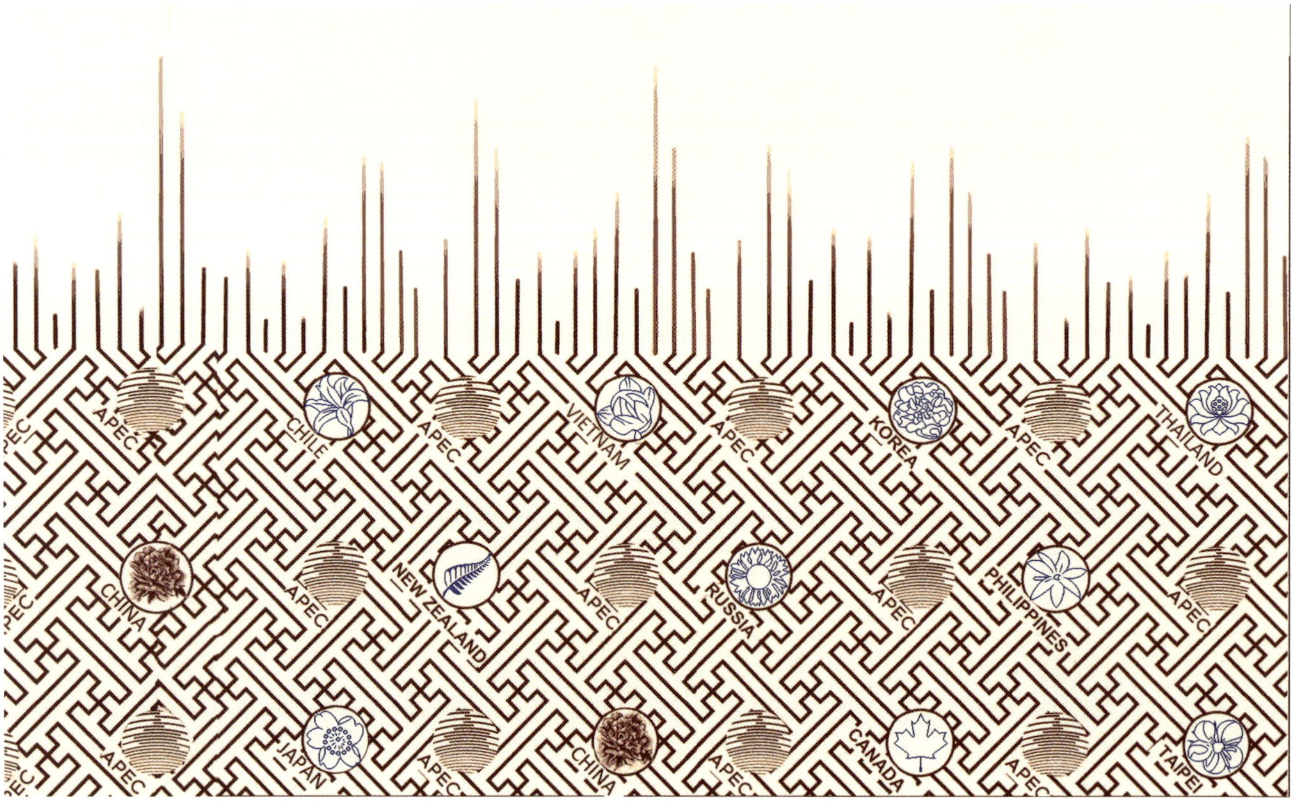
APEC
CHILE
APEC
VIETNAM
APEC
KOREA
APEC
THAILAND
CHINA
APEC
NEW ZEALAND
APEC
RUSSIA
APEC
PHILIPPINES
APEC
APEC
JAPAN
APEC
CHINA
APEC
CANADA
APEC
TAIPEI

衣服下摆设计纹样

【玖】

破译“祖本密码”,复活漳缎解密性生产

“成功了,成功了,‘种子花’真的开花了,漳缎的祖本密码被成功‘破译’了,这真是苏州丝绸业的一大喜事”。2015 年 5 月 7 日,在吴罗生产车间看着技工在漳缎木织机上忙碌的身影,直至落下复活解密的漳缎面料时,苏州丝绸行业协会秘书长商大民激动而喜悦地喊出了苏州丝绸人的心声。

2014 年, APEC 会议“新中装”引发漳缎起源地之争,经过史料、实物和专家论证,漳缎是苏州的漳缎无疑。之所以引发起源地之争,是因为苏州织造的漳缎,在福建漳州漳绒的基础上,以缎地绒花为特色,将漳州的织绒工艺融入织缎技艺中来,故取名为漳缎。

漳缎是古代汉民族绒类织物的代表,是最具艺术特色的全真丝提花绒织物。苏州生产漳缎始于明末清初,清代进入鼎盛期,后来大概由于工艺太过复杂,生产方式与罗织物类似,无法突破传统的大花楼束综木织机和纯手工织造模式,因此苏州漳缎的生产长期处于危境。20 世纪 50 年代逐渐停产歇业,直至六十余年后的今天,苏州漳缎生产一直处于失传的边缘,仅有苏州丝绸博物馆一台木织机在织造,用于展示。

为逐步恢复漳缎生产,2014 年秋天起,在苏州丝绸行业协会的牵头下,中国丝绸档案馆、苏州丝绸博物馆和苏州圣龙公司三方合作,根据中国丝绸档案馆提供的一本漳缎祖本,在苏州丝绸博物馆副馆长、省级非遗漳缎传承人王晨的指导下,我查阅大量资料,带领大徒弟黄云英等公司成员,经过半年多的努力,终于实现了对漳缎织机的重新改机造机。就这样,从一本漳缎祖本起步,我又马不停蹄地开始对它的遗传密码进行“破译”和解密性生产,这也是苏州市首次解密丝绸祖本档案的范例。可喜的是,经过无数次的调试,圆满恢复了已经断代已久的“八仙祝寿纹漳缎”,成功再现苏州漳缎生产的精湛技艺。

漳缎(选自《中国艺术报》)

漳缎祖本手写标签

漳缎祖本实物

李海龙与王晨交接漳绒祖本

或许有人会问，漳缎和漳绒究竟有何不同呢？

首先是工艺不同。漳绒采用普通的双经轴装置木机即可织制，基本组织为四枚变化斜纹，由两组经线和三组纬线交织而成。漳缎则必须采用束综提花机织造，地组织一般为八枚经缎，由两组经线和四组纬线交织而成，在织物结构上创新了原有素绒织物，以缎纹为地、绒经起花结构。漳缎的绒经，送经方式需要采用更为庞大、特殊的挂经机——绒经架装置，根据花纹的不同，用丝织缩、张力自主控制其用丝量及缩力。

其次是操作不同。漳绒一个人即可上机操作织造，然后在机下完成雕绒成品。漳缎则必须由两名能工巧匠上下扳提花本，同时进行斗合织作，一边织造一边完成割绒成品工序。

#【拾】

吴罗为影视作品锦上添花

近年来，各类热播的古装电视剧频频出现被当代非遗传承人神奇复原的各类古代技艺，吴罗便是其中令人耳目一新的一种。

2013年秋，有一家剧组通过查找罗的非遗传承单位，找到了我的联系方式，说是想了解和学习罗的相关知识，于是相约来到吴罗艺术馆参观。我简单介绍了吴罗的前世今生，当他们初步了解吴罗的历史文化价值后表示，这次专程来圣龙公司除了学习还有另外一个目的，就是寻找适合的吴罗面料，制作影视剧中几位主角的服饰。初次听到这个话题我挺感兴趣，因为之前看到的电视剧，戏服大多采用化纤面料制作，只有少数主角的服装是丝绸的。我不由提出心中的疑问："那么，你们为何选择用吴罗制作主角的服饰呢？"他们说其中有几个主要原因，首先现在的观众审美情趣大幅提高，不能像以前那样再用便宜的化纤面料做戏服糊弄观众了，再说现在的摄像器材都是高分辨率电影级别的，所以对道具质量的要求也提高了许多；其次目前全国上下倡导文化复兴，影视剧中的服饰、道具也必须尽可能地符合剧情要求，尊重事实，复原历史。此次负责服饰的老师，通过资料的收集和研究，最终决定剧中几位主角的服装面料和款式等一定要符合当时的年代和身份。吴罗由此开始融入了影视剧中，且一发不可收，为我国影视文化事业增光添彩。

之后，随着电视连续剧《那年花开月正圆》的热播，以及女主角孙俪身穿用吴罗制作的戏服上台领奖，吴罗一下子惊艳了大家。这套罗衣绣了花之后看上去很厚重，其实夏天穿着一点也不觉得热，这就是吴罗神奇的魅力所在。自此，吴罗在影视圈中彻底火了，很多剧组找到我们，来现场挑选吴罗或定织面料的络绎不绝。

吴罗无疑为影视剧锦上添花，其中最为典型的例子要数电视连续剧

《延禧攻略》了。我敢肯定，只要看过的人除了被剧情和演员吸引外，也会被人物的服饰、首饰、发饰等深深吸引，而这其中最能体现剧中人物地位、性情的，还得数各式各样精美绝伦的龙褂、常服、外褂等。随着剧中角色不时更换服装，其面料无论是纹样、色彩，还是呈现出的质地、美感等，不时引发电视机前观众的热议和赞许。好奇之余，人们才了解到，原来这些衣服的面料叫吴罗。

回想当初接触于正的《延禧攻略》剧组，还有一个小插曲呢。一天，他们一行数人在吴罗艺术馆挑选了许多吴罗面料，其中有一块 7 米左右的七彩草龙妆花罗，被服饰组的老师一眼看中。这块面料是纯手工织造，老师傅一天也就织 10 厘米左右，所以价格有点贵。没想到当我说出价格，导演听后直接全包了。当时我有点纳闷：这么贵的料子，为啥影视剧还要用？而且这块面料因为纯手工织造，门幅窄不说还有些小的织疵，他们居然都不在乎？当我看到《延禧攻略》的剧照，演员秦岚穿着用那块吴罗制作的皇后服，端坐在龙椅上，简直不敢相信自己的眼睛，衣人合一，怎一个美字了得！激动得我一晚都睡不着，原来导演真是火眼金睛啊，没想到一块我们司空见惯的妆花罗面料，最终竟会呈现出如此摄人心魄的美丽！

我们哪里知道，那天选面料时，当剧组造型指导宋晓涛先生拿起那块吴罗左看右看，不时变换着角度，这块妆花罗既有月光的皎洁，又似有霓虹的电烻，令宋先生越看越着迷，倾心不已，于是就有了剧中素雅、端庄、轻盈而又粲然的富察皇后和她的罗衣。吴罗加深了整部剧的历史文化底蕴，增添了服饰的真实性、艺术性，不仅助力提高了电视剧的收视率，也丰富美化了百姓的精神世界和视觉享受。吴罗随《延禧攻略》在影视圈乃至全国观众中广泛传播，并得到一致好评。《清平乐》《大宋宫词》等影视剧组，相继慕名而来要求合作。后来听一位导演说，现在很多影视界的著名人士都知道苏州的非遗面料——吴罗。

能给高品质的电视剧提供优质服装面料，是我作为匠人应该做的事，把吴罗非遗技艺更广泛地传播开来，也是非遗人的责任和使命。虽然每次按要求完成整个织造过程很辛苦，利润也十分有限，有时还不计成本，但是吴罗能够得到相关文化部门的重视，这也是苏州丝绸的一种荣誉，更体现了我的人生价值，所以是一件非常值得欣慰的事情。

大概是受电视剧的影响，现在传统服饰格外流行，其形制和特点，在传统服饰的基础上，将面料、颜色、花纹、配饰等注入现代元素。穿中装不再仅仅只是一种行为艺术，而是作为日常服饰，尤其是“汉民族传统服饰”的汉服，越来越多的汉服爱好者首选吴罗面料。汉服作为特定的文化符号，伴随着审美风尚的变化，服饰的形制经历了多次改良，散发出迷人的光芒。其实，传统服饰的流行，现实意义不仅仅在于一种复古的时尚，更是复兴民族传统文化的一种具体体现，更属于一种精神传承的范畴。

为电视连续剧《那年花开月正圆》女主角戏服提供面料

为电视连续剧《延禧宫略》富察皇后提供彩织龙凤罗面料

【拾壹】

携手《国家宝藏》

2018年10月初的某天，圣龙公司总经理办公室的电话铃清脆响起，随即传来一个惊喜的消息。原来是北京“楚和听香”楚艳老师的助手在电话那头说：“近期《国家宝藏》栏目组与楚艳老师要合作做一场守护‘唐代绢衣彩绘木俑’的节目，其中涉及新疆博物馆藏吐鲁番出土的绢衣彩绘木俑身上所穿唐锦和四经绞罗披帛、服饰等丝绸文物的复制工作，如果李老师最近在苏州的话，楚艳老师想前往拜访并洽谈合作事宜。”楚艳是北京服装学院副教授、北京APEC会议领导人新中装著名服装设计师，能与她合作自然十分荣幸。过了十多天，“楚和听香”团队一行五人如约而至。双方经过坦诚的交流和探讨，达成了共识，由我负责组建团队和面料的复制工作，并组织安排人员对出土文物实样进行详细考察分析。经过反复考证后发现，四种文物的丝绸织物结构各不相同，技艺非常精湛，复原工作难度极高，不是一般丝织技术能够胜任，需要长期从事各种古丝绸织造的工匠或专家才有可能实施完成，又是一件十分艰巨的任务。古代出土文物的复原工作，往往是一件令人费心费脑费时又无利可图的事情，事先要做许多准备工作，如整个制作方案的设定、架构，各种古老设备的装造、恢复，每个品种技艺的分析、研究，材料色彩的原真性以及方案的可操作性等，每个环节都容不得半点马虎，一不小心，就前功尽弃。

我根据四种文物各不相同的难度和特点进行分析，首先必须拥有三种以上不同的机具设备，才够资格承接这项任务。其次还必须要有实战经验的行家，才能为《国家宝藏》栏目中的守护人提供真材实料的复原物品。这四件文物中难度最大也最为繁复的是联珠纹对鸟唐锦和四经绞罗中的纹罗披帛。唐锦的粗犷纹理和大花楼束综织机，纯手工不规则的打纬织造以及与现有织机上不同经密、花回装造的四经绞罗等，都必须重新改换装造，这

李海龙与楚艳试织面料

复制的联珠纹对鸟唐锦

为《国家宝藏》守护人提供出土文物服饰复原面料

可是个纯传统的技术活。我不敢有丝毫懈怠，亲自带领，一手策划，分工明确，八九个徒弟同时分头进行全方位开展工作，5 人负责唐锦大花楼束综提花机的改机打样、大货织造任务，3 人负责四经绞罗的改机织造任务，另外几名员工负责鱼籽纹绮罗和四叶花卉纹绫的花本设计、试样和生产织造任务。

在大家加班加点、齐心协力共同努力下，终于出色完成了一个月出样品、两个月交货的合作任务，为《国家宝藏》栏目组节目的顺利播出提供了技术保障，其意义非同寻常。

【拾贰】

“宫囍·龙凤呈祥”之皇后吉服

吴罗织造技艺的传承，为中华丝绸文化提供了无可替代的中国顶级奢侈品。在《国家宝藏》栏目织造任务刚刚完成不久的2019年春天，又迎来了北京故宫博物院的新任务。

有一天，圣龙公司总经理李君（我的儿子）来电话要我赶紧回公司，说是北京故宫博物院几位老师要拜访我。我正在机上干活，立马放下手中的梭子，起身驾车回公司。当我赶到公司，只见北京的客人在李君的陪同下已参观完吴罗艺术馆，正在门口等候。

我与和蔼可亲的黄薇老师一见如故，她的身份很多，如台湾籍“中国十大服装设计师”之一、中国著名的明星服装设计师等，可谓国际著名的时尚教母。此次受北京故宫博物院的委托，与全国三十多位非遗大师合作，在“宫囍·龙凤呈祥”文创项目中承担吉服的总设计师。黄老师在近一年的策划、设计、制作中，皇后大婚的各种吉服基本落实到位，唯一让她担心的是皇后“妆花罗吉服”，四处寻访至今无果。通过宫廷部了解到我们圣龙公司是江苏省吴罗非遗项目保护单位，我又是吴罗织造技艺代表性传承人，能织造各种组织结构的罗织物，所以抱着最后一线希望慕名而来。

“为当代国人设计婚礼服装”，黄老师这个多年的夙愿和梦想在此次任务中得以实现。“正是出于对传统婚礼元素的追索，出于对皇帝大婚所代表的极致婚礼探求，也是出于对传统非遗工艺和非遗文化的传承，我们才有机会通过这样的方式，以传统非遗工艺、故宫大婚元素和现代时尚创意相结合的方式去追寻华夏婚俗的文化根源，去展示中国传统的婚俗文化和皇家婚俗的礼仪，为已经成为世界美学资产的中国非遗工艺贡献出一份自己的力量”！她的这番话，与我的理念正好契合，为此我很受鼓舞，尽管任务繁重，我也将竭尽所能。

“龙凤呈祥”，作为一种古老的传统吉祥图案，在皇帝大婚的过程中发挥着极为重要的作用和意义，在紫禁城六百年的历史中，像这样寓意吉祥的图案始终贯穿在皇帝大婚的典礼之中。据专家介绍，按照皇室的传统和习惯，皇后在大婚时身着的礼服上也必须绣有龙凤的纹饰，其中最具有代表性的，就是光绪皇帝大婚时，皇后叶赫那拉氏身着的大红色绸绣金万字地八团彩云蝠龙凤喜纹女棉龙袍。

此次吴罗为故宫博物院“宫囍·龙凤呈祥”文创项目顺利完成的“朱红妆花罗云龙纹吉服”，收入了故宫博物院编的《故宫经典·清宫服饰图典》中。完成这件吉服，耗时7635小时，参与人数11人，绣线用量30万米，绣线颜色35种，图案为龙、祥云，运用吴罗（妆花罗）工艺、银铜器制作与鎏金、盘扣，面料丝线妆花罗、真丝线、金线，工序绘图、配料、下单、打版、纹样、打样、工艺、合成，最后调整成衣。

好事向来多磨，在反反复复的磨合调整中，终于圆满完成这件国宝级皇后妆花罗吉服。由此，我又一次承担起弘扬我国优秀传统服饰文化的任务，再苦再累也心甘情愿。

李海龙与黄薇

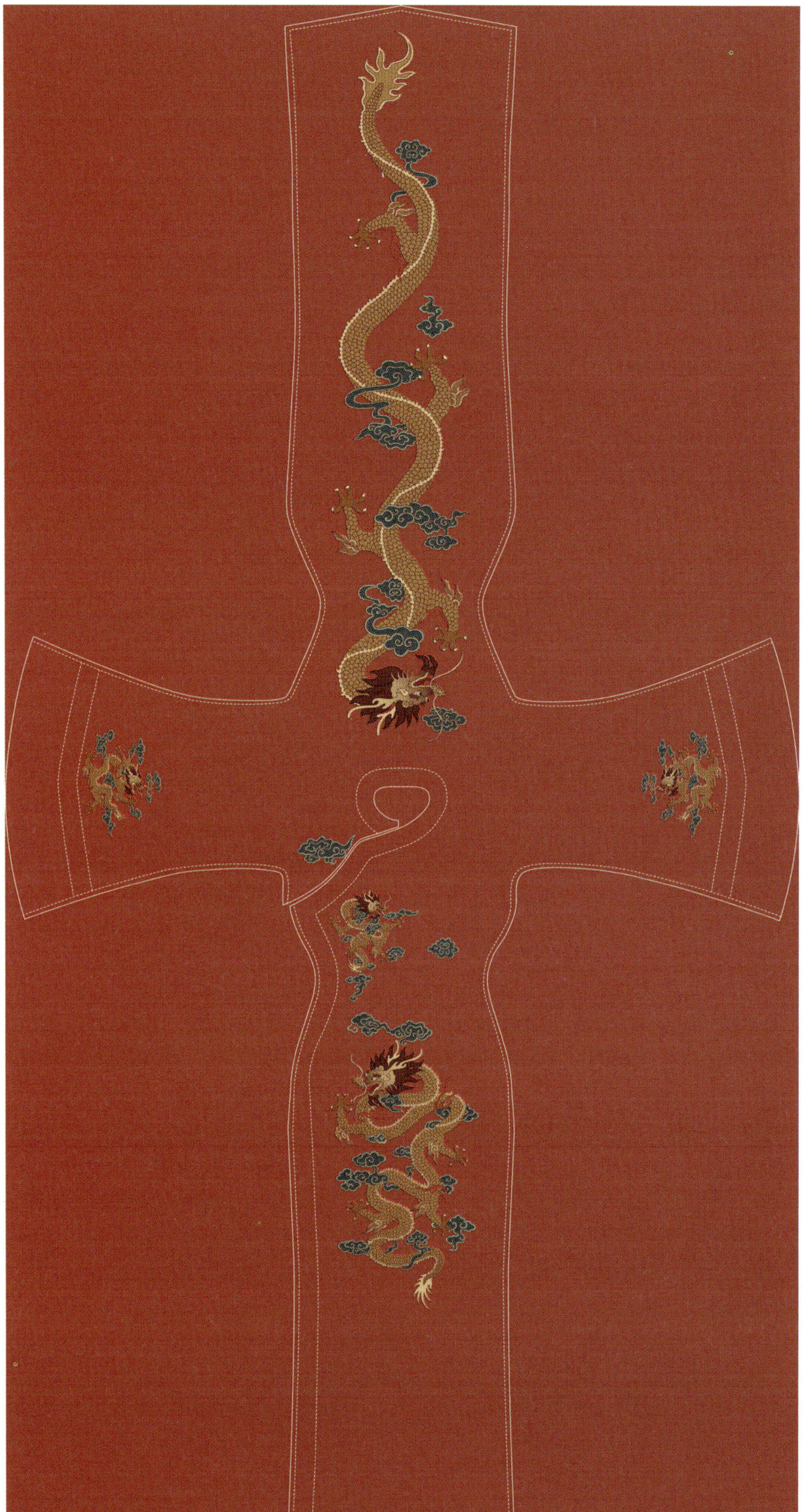

吉服设计稿

朱红妆花罗云龙纹吉服面料织造完成

吉服前片

吉服局部细节

吉服后片

吉服袖片纹样

后记

人生实难，逢此织罗了无憾

皇天不负苦心人，《吴罗》一书终于出版了，对我来说，简直是如同登天般的难事，确也是一件幸事。

回首写作往事，在这本书稿之前，我曾经在不少好心人的帮助下还写过两个版本，十多年来不知浪费了多少笔墨和光阴。关于写作的缘起，首先要感谢我的老上级黄寿根高参，请了新华社原副主编施宝华先生领衔。遗憾的是，施老不幸走得太早，该书的起草工作被迫中断。后来承蒙燕山大学国家材料实验室李青山教授认为是好素材，并为我承担撰写第一稿的任务。但不知为何，总感觉不是我想象中的那么到位而被搁置。直到最近两年这第三稿的出炉，我才较为满意。通过写书这件事，让我深深体会到做事容易写书难的滋味，难到不可思议的程度。写吴罗则更难，这是一部历史性、技术性等十分严谨的实证读物，来不得半点虚假，更不能误人子弟，加上法治时代的版权意识，决不能抄袭、盗图。另外，由于罗织物结构的技艺过于精湛复杂，当今又濒临失传，相关的历史记录、技术资料等更是凤毛麟角，少得可怜，一些地方很难做到旁征博引，增强说服力。再加上自己又是长期于闭塞的太湖山水间钻研技术的农村工匠，文化程度不高，无法将自己所掌握的技能百分百用文字表达出来。请人代笔吧，我的所思所想、所作所为，别人也很难感同身受，无奈之下拖延了十余年之久。

庆幸的是，在前后十多年的写作过程中，得到北京故宫博物院苑洪琪老师的鼎力相助，同时也得到姚永强老师和林怡大师、汪筱文大师的大力支持。在写作和工作的岁月里，还不断得到北京服装学院蒋月秋、楚艳、尤咖等老师的紧密合作和不断鼓励；还有中国台湾服饰时尚教母黄薇老师提供的吴罗剧照和热情指教。在《吴罗》第二稿的写作中，北京的王栋老师为收集关于罗的文史资料，赴日本正仓院买下许多历史佐证的参考书籍。在

李海龙与母亲、徒弟一起采桑叶

撰写第三版本时，得到北京御染坊黄荣华专家提供的吴罗“国染”技艺介绍；苏州古织机传承人朱剑鸣老师提供的史料和图片；我的儿子李君，孙女李祝缘为本书也做了大量的图片整理及绘图工作。还有，在十余年前就得到苏州丝绸协会秘书长商大民先生的提议和敦促。在本书出版前，书稿报送江苏省丝绸行业专家组李世超教授的严格审核把关，以及写作出版组专家的反复研讨和修改，得以顺利完稿。在此对所有关心和支持本书出版的热心人一并表示衷心的感谢！

除此，还要特别感谢在我一路走来给予许多帮助和扶持的贵人。饮水思源，首先感谢我的老师——中国首席纺织考古专家王亚蓉先生的大力支持和无私赐教，在与中国纺织考古研究所的合作中，使我有机会对大墓出土的各种罗织物进行分析研究，从而进一步增进和丰富了我对各种罗组织结构纹理研究的正确性和创新性。同时也要感谢王老师的博士生弟子罗茜尹，在我写作初期给予的帮助。其次感谢蔡利民、周江等先生对我工作的支持。还要感谢北京故宫博物院、中国丝绸档案馆、敦煌莫高窟研究院、山东济南博物馆、新疆博物馆、日本奈良正仓院、英国大英博物馆等单位的大力支持和帮助，大量的纱罗实物和史料，才使得吴罗的织造技艺和各种组织结构得到丰富的实践和完整的再现，助我顺利完成六个大类六十多种结构的重生。

我这些理想的实现和成就的取得，感恩丝路上的有缘人。随着我国传统文化的复兴和非遗保护传承工作的逐渐深入，吴罗织造技艺得到当地政府的高度关注和重视，也得到了许多专业人士及有识之士的赞赏和支持。尤其是 2020 年，在吴中区文联主席查伟峰先生组织区、镇两级文联领导对文化企业进行调研考察中，对吴罗的重视、认可和好评，并组织专业写作人才给予我们务实的帮扶，在此表示诚挚的谢意！同时也感谢一起调研的吴建卫、顾飞等先生。

今天，《吴罗》一书在吴眉眉老师与我共同的笔耕下，在周晨老师的指点和协助下，终于圆满完成，并正式出版。本书分四个部分，以大量的文献资料为佐证，较为系统地叙述罗织物的历史，吴罗的由来以及制作

李海龙手把手悉心将吴罗织造技艺一样一样传授给儿子李君，从而践行非遗传承的使命

的器具，工艺的流程等，是吴罗历史的总结，也是一本学习吴罗知识的教材。同时也写出了我三十多年来，对吴罗的认识和从事吴罗技艺传承过程中的心得体会，包括研发织罗机器的艰辛历程和成功喜悦，以及攻克一道道难关后的无比欣慰之情等。我由衷地感到高兴，这是我多年心血的结晶，也是在传承中实践的成果。不过书中难免会有差错和不妥之处，恳请读者和业界同仁批评指正。不管怎样，我深信本书的出版必将有助于推动纺织非遗以及吴罗织造技艺更好地传承、传播和发展。

目标的实现，是汗水、心血换来的成就，更是人生价值的体现。此生无悔，一切值得！

2022 年 1 月 8 日李海龙于吴罗艺术馆

附录一

养蚕的童年

我小时候既胖又矮，憨头憨脑人称憨大。由于属龙，名海龙，人起绰号憨龙。在村里十几个童年小伙伴中，年龄比人家小个头却比人家大，就数我人胖个大。因为家里比较穷，平时不爱作声，但爱动小脑筋，给人的感觉很老实，容易被别人使唤。而我干任何活总是冲在前头，又很卖力从不偷懒，要比同龄小孩干得多又干得好，所以讨大人们喜欢。由于干活多又是长身体的时候，饭量特别大，兄弟姐妹五个，我要吃掉一半米饭，妈妈总说我是饭桶。不过家里的体力活我全包了，弟弟妹妹还小，姐姐做洗衣、烧饭、绣花、养蚕的轻活，父亲常年卧病在床，地里的农活大多数是我和妈妈去做，农忙时请兴元舅舅来帮忙。我们家的农忙那才叫真正的农忙，每年这个季节，从麦子收割到翻田插秧，从油菜籽收割到山芋苗栽种，从上山割柴到摘桃子、卖水果，全都挤在一块。在诸多农活的大忙中，最让人不敢掉以轻心的是采桑、养蚕。

3、4 月为蚕月，明代诗人有"柳花深巷午鸡声，桑叶尖新绿未成。坐睡觉来无一事，满窗晴日看蚕生"之咏，可是我记忆中的童年养蚕，完全不是诗中描述得这么轻松惬意，是件非常辛苦的事。由于蚕宝宝是全家人一年经济来源的重中之重，所以饲养工作一刻都不敢松懈。大家都知道蚕宝宝是活化变温动物，它本身没有体温，随着气温变化而生长，所以一天要吃4～6 次桑叶，需要 24 小时全天关注，不能有丝毫怠慢。特别是进入大眠期，在蚕上山结茧前，吃起桑叶来更厉害，白天要喂好几次，晚上还要起床喂三次，每昼夜要吃掉二百多斤桑叶。故而，对于养蚕人家来说，种桑历来被视为极其重要的事情，有谚说："种桑三年，采桑一世。"要知道这些桑叶都是我和母亲在白天忙完农活吃过晚饭后去桑园一张一张采回来的，还要用井水清洗后才能喂给蚕宝宝吃，否则冰清玉洁的蚕吃了脏的桑叶会生病。一旦染病，蚕宝宝就会变成“僵尸”而死亡，即使不死也不会再吐丝了。所以农忙季节再忙也要把蚕宝宝服侍好，要不然连同一年冬去春来的种桑刨地、施肥修剪等田间管理的心血，也一起白费了。随着“谷雨三朝蚕白头”“小满三日见新茧”，近两个月的大忙中，每天只能睡上两三个小时，这是我终生难忘的农忙。人啊，有时就是这样，吃得苦中苦，才懂盘中果；懂得养蚕难，方知丝绸情。

十年之久的养蚕童年，如今回想起来历历在目，清晰如昨。每年养蚕开始之前先要做准备工作，就是把库房的蚕具、剪刀、菜刀、纱布、水盆、蚕架、蚕匾、蚕房、火炉等全方位进行消毒处理。每年5月3日开始发种，去蚕种场购回蚕籽卵，我家桑树多，所以蚕种也买得多，第一季就要养2~3张种，每张种籽可采茧子几十斤。在购回蚕籽卵之前，先把火炉点燃，将催亲室温度保持在28度以上，再把每张蚕籽卵放置在油光纸上，用纱布盖住，在适合的温度下进行催亲孵化，时间为两天。两天后幼虫从蚕籽卵中钻出，形状如同蚂蚁般，第三天进入令期。

蚕的一生分为五令四眠，27~30天后上山吐丝结茧。一令期的第一天，也是蚕宝宝出生后的第三天开始开叶食桑。把嫩嫩的新桑叶切成既薄又细的桑米条，进行喂食。一令三天后进入头眠，眠期为一天，24小时内进行脱落旧衣换新装，成长为幼虫。第七天进入二令期，开始吃桑叶，三天后进入二眠，眠期也是一天，同样进行脱壳换衣，又一次长大。第十天进入三令期，开始吃桑叶，这时可以喂大一点的桑叶了，时间还是三天后进入眠期。由于开始进入成虫早期，蚕身已经长到四厘米左右，身上的旧衣壳也比较硬，脱落有点慢，故眠期时间需要一天半以上。第十六天进入四令期，又开始喂桑，食桑量明显上升，蚕身开始发胖，经过五天的喂养进入大眠期，时间为两天，这是最后一次脱去身上的旧衣，变为成熟的成虫并进入五令期。进入五令期第二十二天开始下床落地。由于蚕身已经长大，生活空间迅速扩大，得把它们安置在二百多平方米的地坪上进行喂养。胖胖的蚕宝宝进入了食桑的高峰期，每天要吃掉二百斤左右的桑叶。这时候，满屋子沙沙沙的食桑声，如同江南杏花春雨一般美妙。时间在忙碌中很快进入了5月下旬，此时也刚好是农忙的高峰期，农活、养蚕两不误，季不可失，蚕不耽搁，一天下来又累又困，走路都打瞌睡。在蚕宝宝进入五令期的大忙中，同时还要筹备宝宝们上山结茧用的芦席、柴笼等工具。蚕宝宝进入第27~30天（随气温变化）吃饱喝足了，开始自然停食，等浑身变得似玉般洁白、如水晶般透明，体内没有一点粪便污垢，这就告诉主人，宝宝要吐丝结茧了。于是我们就赶紧把它送到早已准备好的柴笼上，让它安心地进行吐丝结茧。上山吐丝结茧后7~8天，必须尽快将茧子摘下，出售给茧站，由茧站进行烘干入库，这也是丝绸产业链中必不可少的一道重要工序。殊不知，蚕宝宝上山7~8天后，茧内的宝宝已经化为蛹，如不及时把蛹烘干，就会在一周内化蛹成蛾，把茧壳咬穿后破茧而出，产卵繁殖，又一次进入它的下一个轮回。被破口的茧壳就无法缫（抽）丝织绸了，一年的心血就此付诸流水。

回首往事，激情万分，我的童年虽苦却倍感甘甜。

附录二

逆境中永生

人世间，价值观千差万别。人的一生中如果对某一件事情从心底里产生了喜爱和情结的话，往往会始终不渝的追求终身，我对于吴罗，何尝不是如此。诚如宋代顾禧《采桑行》所咏："日高高，蚕蠕蠕。蚕能衣被天下，不遑自保其躯。"

吴罗是中国的吴罗，在古代是苏州织造署专贡朝廷服饰的重要一部分，也是吴地文化重要的象征之一。古代的达官贵人所穿的绫罗绸缎中，罗自古以来就是奢侈品的代名词，相比绫、绸、缎而言，罗结构更为复杂，更为轻薄透气，织造难度也最大。由于纱罗技术织造的丝绸成本比较昂贵，也就理所当然地成为穿着者身份地位的象征。到了清代后期，随着社会的进步、科技的发展，各种各样的面料开始涌现，除了棉、麻、真丝外，还有化纤、羊毛等。而工艺复杂、无法批量生产的罗，其织造工艺也随之慢慢消失，一度濒临失传，历经百年"断层"。吴罗织造技艺能在苏州丝绸面临灭顶之灾的逆境中得到传承和发展，也可以说是个奇迹，这大概与我执着追求近乎于"罗痴"不无关系，"不闻别人钱似海，但愿吴罗能坚守"，我常常自勉。

回首往事，在几十年的改革开放中，我国经济步入了高速发展的快车道，高新技术产业得到了前所未有的迅猛发展，电子信息、交通运输、房地产市场、生物医药、互联网金融、机械化工、民用食品等等产业，都以脱胎换骨的力度跳出传统生产模式，如雨后春笋般迅速崛起。

20 世纪 80 年代初期，改革开放的春风吹暖了苏南大地，苏州作为全国历来的蚕桑重镇、丝绸之都，丝绸业快速发展，一时成了苏州市出口创汇的经济支柱产业。于是，我也继承了祖辈旧业，加入了兴办乡村企业，大搞种桑养蚕和创办光福缫丝厂、第六丝织厂的行列。在苏州东吴丝绸厂、光明丝织厂的大力扶持下，乡办缫丝厂、丝织厂风生水起，生意兴隆，效益可观。

由于长期与苏州四大国有绸厂、八家中型丝织厂和县办丝绸企业打交道，更加庆幸的是，在与苏州丝绸工学院、丝绸研究所、丝织试样厂、锦绣丝织厂等单位的诸多工艺设计师、老师傅们的接触交流中，学到了不少丝绸方面的理论知识和织造技艺，就此唤醒了我童年种桑养蚕的记忆，领悟到时代赋予丝绸的内涵，就此与吴罗结下了深厚的情愫。

20世纪90年代初期，随着我国改革开放的不断深入，在纺织行业进入大规模压缩转制、提速升级的形势下，苏州的丝绸企业纷纷倒闭破产。曾经的支柱产业，即出口创外汇的丝绸行业却很快成了失去热度的夕阳产业。苏州城乡驰名中外的纺织、丝绸大企业，也发生了划时代的大变局，伴随着企业改制工作的展开，顷刻间彻底改变了市场的产业结构。传统的劳动密集型企业和落后于现代科技型的手工艺作坊，一度进入了迷茫甚至瓦解的状态。千余家丝绸企业在“关停并转”中所存无几，曾经是苏州国民经济支柱产业的蚕桑丝绸生产型企业也不复存在，大批职工下岗自谋生计。进入90年代后期，社会出现了大规模的产业转移，种桑养蚕全面向广西、云南、贵州等地迁移，大量的土地很快成了国内高新技术企业和国外投资商的产业建设用地。就在丝绸行业处于生死存亡的关键时刻，吴罗工坊也在疾风骤雨中岌岌可危。

然而，在这样的形势下，我毅然选择了一道独木桥，放弃了原有的绿化景观工程和房产建筑行业，个人创办了江南网络丝厂，打算专业生产锦、罗、缂丝、刺绣以及出口日、韩等国的丝绸产品，开创民营企业新局面。我从苏州光明丝织厂、织锦厂买下部分丝织设备，还聘请了苏州各大丝织企业中下岗的技术员，并且对这些企业中特色丝绸精品的织造技艺进行保护性生产。如苏州东吴丝织厂的塔夫绸、真丝绡、花累缎；织锦厂的宋锦、织锦缎；吴县一丝厂的素库缎、双宫绸；吴县二丝厂的和服绸等。我自己分别拜了锦、罗、绒、缎织造经验丰富的前辈为师。又拜了三代祖传罗艺宗师郁石明为师，继承了师傅祖传织罗秘笈，由此对罗一往情深。风雨无阻地奔走于大江南北，中外博物馆，搜集和研究各种罗织物及文献资料。对罗织物的各种组织结构进行详细的探索和研究，并且在实践中不断实施研发。通过师傅六年多的言传身教，我系统掌握了罗纹绞经织造技艺，又对韩国的纱罗面料、日本的四经绞罗、罗带和纱腰带进行研究和生产。1994年，我开始研究罗的织造工艺，直到2003年，成功复原并突破吴罗传统丝织技艺，填补了吴罗织造技艺的空白。2016年1月，“吴罗织造技艺”被列为第四批省级非物质文化遗产名录项目。

世事变迁就是如此神奇，危机之中也蕴藏着无穷的机遇，天生我材必有用。时至今日，通过几十年艰苦奋斗，我突破了一道道织罗技术难关，能够较为完整地生产出几十种罗组织结构，基本实现了优质、量产的初衷和设想；基本做到了中外罗艺我拥有，出土、馆藏都能做，人无我有、人有我优的吴罗织造技艺大全。

诚然，吴罗的几十种组织结构和织造技艺，在历史进程中能逐步得以复原，离不开我国纺织考古工作者付出的心血。一次次震惊世界的纺织考古大发现，从太湖流域江苏苏州（吴县）草鞋山出土的三块葛藤罗纹碳化织物残片，到山西夏县西阴村发现被切过的半粒蚕茧外壳；从太湖流域浙江湖州吴兴钱山漾出土的丝织物、丝线至太湖东畔苏州吴江梅堰出土的纺轮和骨针；还有湖南马王堆汉墓出土的四经绞罗以及我国很多地区大墓出土的各种罗衣、罗袜、罗织物及残片，无不见证了罗的辉煌历程，这是对中国乃至世界纺织文化的巨大贡献。这些地下宝库，奉献给当今的种种罗织物结构，有些是断代失传几百甚至上千年之久的宝贵财富，为今天的吴罗工艺结构研究，提供了穿时空、跨时代的帮助和启迪。为进一步完善复原吴罗织造的结构技艺，创造了还原历史的难得机遇，使吴罗的品类和组织结构有了一个比较完整的体系和依据，实现了人类纺织史上从未有过如此齐全的吴罗织造技艺史料，其文化价值不可估量。以地下出土的、各地馆藏的、民间收藏留存的和史料记载的各种罗织物依据足以佐证，罗是古老的纺织品种之一，是我国纺织工艺的滥觞。

人生苦短，弹指一挥间，三十多年过去了。回首往

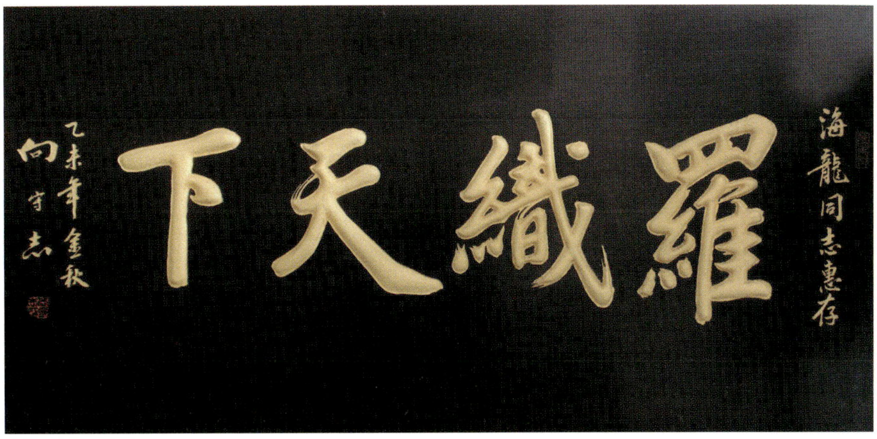

向守志将军题“罗织天下”

位于太湖之滨的光福

事，我在人生精力最充沛的阶段，忘我地钻进研究改造罗织机的牛角尖，不但没有抓住赚钱发财的机会，反而背了一身骂名。爱人不幸车祸离我而去，家境穷困潦倒，后辈怨天尤人，十几个徒弟也只剩下七、八个，人生步入低谷。还好老天是公平的，我始终相信付出必然有所回报，这是永恒的定律。就在卖掉新工厂守住老企业的同时，迎来了丝绸振兴的春风，听到了“一带一路”的号角和保护优秀传统文化、扶持非遗传承创新的时代强音。如今，吴罗产品已经誉满天下，传扬四海，深受广大民众的喜爱和赞扬，我又获得了中国纺织非遗推广大使、吴罗织造技艺代表性传承人等殊荣。当初我将吴罗生产基地放在我的家乡太湖之滨的光福，也就是我童年养蚕的蚕房，也是有意而为之，因为吴罗织造技艺起始于太湖流域这片湖光山色间，我要将它唯一的余脉也留存于此，这是我倍感欣慰的事。我将继续根植于中华文明的深厚土壤中，竭尽全力为传统文化注入新的活力，织出更多更精美的吴罗，努力回报社会，造福大众。我更愿意将三代师门宗师传给我的中华罗艺以及我的研发成果，传承和传播到祖国的大江南北和天涯海角去，让天下人都能穿上古代皇家贵族专享的丝绸珍品——吴罗。令大将军授予的“罗织天下”匾额，名不虚传。

附录三

是谁拾起丝路遗珠，再织姑苏繁华“吴罗”梦

“唧唧复唧唧”，这悠远的机杼声，在吴中大地萦绕了数千年……

吴中光福一个静谧的小山村，每天清晨到黄昏，织机声声从湖光山色间一座不起眼的老蚕房传出，在穹窿和米堆两山之间回荡，日复一日，年复一年，不经意已是三十个春秋。织机，从一代到四代。织机前坐着的人，由青丝变白发，与眼前的丝线交相辉映。随着“哐啷”一声，心、眼、耳、手、脚并用，完成一组动作，三十年重复了多少次？已然算不清楚。他忘我地沉浸在自己编织的天“罗”地网里，经历了一次次不为人知的失败和成功，度过了一个个惊喜交加的春夏和秋冬。“罗”，越来越令他着迷，沉醉其中，看着它，触摸它，研究它，千丝万缕的经纬线仿佛也有了灵性，经由他指尖跳跃出的“吴罗”，温婉而富有诗意。

手艺篇

春绢秋罗软胜绵，衣带渐宽终不悔

当《延禧攻略》中的富察皇后一袭袍子袅袅婷婷向我们走来，一颦一笑，一静一动，因了身上精美绝伦的花罗衣裳而散发出迷人光芒，惹得电视机前无数女子为之痴狂。于是早已从人们生活中消失的吴罗，重新崭露头角，藏在背后的织造者李海龙，也随之出现在公众视野。手工织罗，与丝线打交道，是个急不来的耐心活，如同一场修炼，容不得半点杂念。李海龙在一次次修炼中，早已磨去了棱角，养成了慢条斯理、心思细腻的个性，外表和蔼可亲，波澜不惊。当谈论他的手艺时，原本不小的眼睛笑成一条缝，浑身散发出的工作激情，完全看不出 70 岁的年纪。

李海龙18岁当兵之前，光福几乎家家养蚕，家里就有祖上传下来的十几间蚕房，他与“蚕宝宝”相伴长大，耳濡目染种桑养蚕，缫丝织绸，绊丝刺绣。25岁退伍回乡，已是集体养蚕。这期间，他在乡镇做过教师、文秘、书记等。20世纪80年代初期，参与光福镇工业公司筹建和创办光福缫丝厂、吴县光福第六丝织厂的工作，尤其是任村书记的四年里，不遗余力兴办乡村企业。当时，他研发的网络丝机，使普通化纤丝不用上浆和加捻，只要通过网络丝机生产的丝就能直接上机织布。后来又发明了纺织复合丝纱线，开辟了复合型纺织原料的先河。

1992年，李海龙出人意料地成立光福第一家民营企业“江南网络丝厂”。1994年，韩国、日本的订单中，有一种面料叫“纱罗”，着实令李海龙惊讶，这面料与他的姐姐小时候穿的衣裳极其相似，这在国内已经断代近百年，国外却仍在生产。就在这机械化织罗遇到技术瓶颈而一筹莫展时，他想起了人称“工商合作社师父”的远房亲戚郁石民，便拜他为师。李海龙怎么也没想到，与罗就此结下一辈子的缘分，为之一往情深地付出，最终彼此成就。

2003年，李海龙又创立了“圣龙丝织绣品有限公司”。他从柴房里搬出祖传的木织机，看着身长6米、高3.6米、宽1.5米的庞然大物，不仅占地面积大，操作起来还需两人合作，于是产生研制织罗机器的想法，这也成了他数十年来孜孜以求的课题。如今，除一些高难度的织造结构继续沿用传统方式外，已实现机器提花的手工操作，而在电机操作绞经上，一部分罗的产品尚需半手工木质机织造，大部分的罗织物面料可以在自己创新研发的电动织机上批量生产了。

李海龙与每一台机器都有故事，每一次研制都倾注了汗水和心血。

第一代锦罗老木机，既能织锦又能织罗，正在机上织的面料要从《国家宝藏》说起。那是2019年1月，《国家宝藏》栏目向人们展现大唐盛世华丽衣冠服饰文化，“中国十佳设计师”之一、北京服装学院副教授楚艳成为新疆博物馆“绢衣彩绘木俑”之今生守护人。为了尽可能真实地还原历史，楚艳特邀苏州两位丝绸织造技艺大师参与研究、复原三尊人俑的唐代织锦、四经绞罗等面料，李海龙便是其中一位。一尊彩绘木俑身上所穿半臂唐锦就是机上织的，因其工艺、色彩和纹样的无比复杂，手艺娴熟的师傅，一天最多织三四厘米。

第一、二代古漳缎罗绒织机，在2015年李海龙与苏州工商档案管理中心、苏州丝绸博物馆以及漳缎传承人王晨合作，破解漳缎祖本、复制生产中立了大功。这是一项极具挑战的任务，解密祖本之后，漳缎织造又是一大难题。李海龙查阅大量资料，并请来老技工助力，经过无数次的调试，终于完成挑花结本、上机织造、复原古漳锻、实现生产。其意义在于漳缎的生产有望产业化，这是苏州丝绸业的一件大喜事。

第三代妆花罗织机、四经绞罗织机，是李海龙研发的，不仅体积缩小一半，上面的人以“提花龙头”替代，一人便可独立完成操作。近年的热播剧如《延禧攻略》《那年花开月正圆》《清平乐》等，剧中主角身上华美的妆花罗衣，都出自这台机器。妆花罗，初看低调，再看奢华，倘若用心体会，即便是外行，仍然会感受到高雅的内涵和技艺的奇绝：在纯手工织造面料时，同步将多种彩色丝线通过提花方式，经过局部回纬挖织工艺，把丰富的五彩图案突显出来，形成一种似绣非绣、似锦非锦的特殊艺术效果。

有一件事很令李海龙骄傲，就跟妆花罗有关。2019年4月，在故宫博物院“宫囍·龙凤呈祥”文化项目中，台湾籍“中国十大服装设计师”之一的黄薇，邀请全国近40位“非遗”传承人，依据其66套吉服设计稿，制作皇后大婚吉服。李海龙拿到设计稿，立刻想到用珍贵的妆花罗，可是要织出前片、后片和双肩袖造型各异的龙，难度可想而知，为了追求完美，常常夜不能寐。功夫不负有心人，当专家评委看到面料时，直呼惊艳，一个个被吴罗的魅力深深折服，不仅收获一致好评、推为第一，李海龙还被聘任为本款吉服的工艺指导。

第四代罗织机的研制成功，完成了机械化自动化的改造，实现了小批量、规模化、多品种、高质量、高产出，所织吴罗可用于衣服、鞋袜、丝巾等生活用品的开发，适应不同人群。每一次改良后织出来的面料李海龙第一个试穿，故而吴罗除保留原有的软、薄、密、细、爽等优良品质外，多了飘逸稳定、轻盈柔顺，少了人们印象中的娇气，耐摩擦、勾刮，彻底解决丝绸不能机洗的问题。不仅如此，他还将植物染运用到吴罗上，既是对当今丝绸面料染色的突破，又能让今人体验古人着装亲近自然的本真。

第五代罗织机，以及耳杯菱形四经绞罗织机、绒锦罗织机尚在研制中，如果说前者是李海龙冲刺的科技高峰，那么后两者就是他攀登的艺术高峰。我们相信，凭着他追求艺术梦想的执着和那颗坚守传统文化不变的心，终究有解开古老密码的那一天。

产业篇

绿窗剪刀金两股，剪吴罗，对花舞

我国罗的织造技艺历史悠久，大约六千年前已有原始起绞织物，出土的商代丝织物中可见罗的残片，战国楚墓中发现大量的花罗。秦汉时期的花罗已十分精美，如著名的长沙马王堆汉墓出土的耳杯菱形四经绞罗，这种织造技艺至今无人完全破解。唐宋时期，出现孔雀罗、菊花罗、瓜子罗、宝相花罗、满园春罗等名品。元代又有销金绫罗、金纱罗等加金罗织物。明代尤其以妆花罗最为著名，一些工艺复杂的品种，清代之后逐渐失传。

苏州是一座用丝织出来的锦绣富贵之城，约五千年前我们的先人已经掌握了养蚕抽丝的技艺。环太湖一带历来丝绸业发达，苏州（吴县）草鞋山、吴兴钱山漾和苏州吴江梅堰，分别出土的罗纹织物、纺织原料和器具等，揭开了苏州古老丝绸文化的神秘面纱，诉说着灿烂夺目的吴地文明。罗，是一种真丝绞经织物。古人云："荷风吹凉到枕边，薄纱如雾又如烟。"今人说："不穿不知道，穿了脱不了。"随着经济发展、社会文明，百姓生活水平、文化素养、环保意识等不断提高，穿的好看、穿的健康，已成为一种返璞归真的生活态度。贴身穿罗衣虽然极其舒服，如若再注入保健的元素岂不是更完美？李海龙又与专业团队合作，对负离子功能性纱罗织物进行研究，并联合开发"还原态负离子多功能纱罗"成果和"防伪纱罗商标织物"产品，分别于2010年和2012年通过省级科技成果和防伪产品的鉴定。这些成果，既解决了织造上的难题，又把美丽舒适、健康养生、自然生态等理念融入产品中。成果鉴定会上，中国工程院姚穆院士激动地说，创新成果填补了国内空白，达到国际领先水平。并题词："奋勇创新，引领潮流。"

2013年春暖花开之际，中国社科院考古研究所文化遗产保护研究中心与圣龙丝织绣品有限公司联合成立的"中国古代锦罗织物实验考古研发中心"落户光福。以科研与生产相结合的方式，对考古发掘的纺织品、服装等进行研究保护、还原复制及市场推广，这意味着我国纺织考古事业进入一个实验考古学的新阶段。在揭牌仪式上，中国第一代纺织考古专家王亚蓉先生对记者说："复杂大花罗技艺的突破，就好像数学界突破了哥德巴赫猜想一样。"

2015年8月，苏州十位"非遗"传承人随陈嵘（时任苏州市文广新局党委书记、局长）"寻踪"故宫。那些难得一见的御用丝绸织物令李海龙怦然心动，大开眼界，当想到如此高超的织罗技艺濒临失传，有些甚至已断代数百年时，他暗下决心："绝不能让这朵传统奇葩，消失在我们这一代。"

李海龙始终保持清醒的头脑，把手艺做成产业，实现文艺与产业的融合发展，才有足够的实力和底气将手艺传承下去。为此他大胆改革家族企业体制，与东莞佐云文化艺术有限公司携手，实行公司股份制，拓展文化产业化基地，优势互利。资金的注入，令"圣龙"活了起来，不久，"吴罗"将与"黎锦"两项"非遗"合作，进入海南市场。

李海龙和吴罗的精彩故事还有很多，比如最早为连战夫妇的"破冰之旅"提供花罗披肩作为礼品，当时被同行认为不可能完成的任务。先后与北京故宫博物院、中国社会科学院考古研究所、北京服装学院等合作，修复、复制文物，为敦煌壁画中的人物制作服饰、APEC会议的领导人服装等提供面料支持。还为北京

奋力开启吴中文艺高质量

是谁拾起丝路遗珠，再织姑苏繁华“吴罗”梦

□ 吴眉眉

“唧唧复唧唧”，这悠远的机杼声，在吴中大地萦绕了数千年……

吴中光福一个静谧的小山村，每天清晨到黄昏，织机声声从湖光山色间一座不起眼的老蚕房传出，在穹窿和米堆两山之间回荡，日复一日，年复一年，不经意已是三十个春秋。织机，从一代到四代。织机前坐着的人，由青丝变白发，与眼前的丝线交相辉映。随着“哐啷”一声，心、眼、耳、手、脚并用，完成一组动作，织机上的面料仅仅多出一根纬线直径的长度，三十年重复了多少次？已然算不清楚。他忘我地沉浸在自己编织的天“罗”地网里，经历了一次次不为人知的失败和成功，度过了一个个惊喜交加的春夏和秋冬。“罗”，越来越令他着迷，沉醉其中，看着它，触摸它，研究它，千丝万缕的经纬线仿佛也有了灵性，经由他指尖跳跃出的“吴罗”，温婉而富有诗意。

【手艺篇】

1 ——春绢秋罗软胜绵，衣带渐宽终不悔

左上图：李海龙与楚艳研究、复原“绢衣彩绘木俑”的唐代织锦、四经绞罗等面料。
左下图：妆花罗织机　右图：李海龙手织“吴罗”

当《延禧攻略》中的富察皇后一袭袍子袅袅婷婷向我们走来，一颦一笑、一静一动，因了身上美轮美奂的花罗衣裳而散发出迷人光芒，惹得电视机前无数女子为之痴狂。于是早已从人们生活中消失的吴罗，重新崭露头角，藏在背后的织造者李海龙，也随之出现在公众视野。

手工织罗，与丝线打交道，是个急不来的耐心活，如同一场修炼，容不得半点杂念。李海龙在一次次修炼中，早已磨去了棱角，养成了慢条斯理、心思细腻的个性，外表和蔼可亲、波澜不惊。当谈论他的手艺时，原本不小的眼睛笑眯成一条缝，浑身散发出的工作激情，完全看不出70岁的年纪。

李海龙18岁当兵之前，光福几乎家家养蚕，家里就有祖上传下来的十几间蚕房，他与“蚕宝宝”相伴长大，耳濡目染种桑养蚕，缫丝织绸，缂丝刺绣。25岁退伍回乡，已是集体养蚕。这期间，他在乡镇做过教师、文秘、书记等。20世纪80年代初期，参与光福镇工业公司筹建和创办光福缫丝厂、吴县光福第六丝织厂的工作，尤其是任村书记的四年里，不遗余力兴办乡镇企业。当时，他研发的网络丝机，使普通化纤丝不用上浆和加捻，只要通过网络丝机生产的丝就能直接上机织布。后来又发明了纺织复合丝纱线，开辟了复合型纺织原料的先河。

1992年，李海龙出人意料地成立光福第一家民营企业“江南网络丝厂”。1994年，韩国、日本的订单中，有一种面料叫“纱罗”，着实令李海龙惊讶，与他的姐姐小时候穿的衣裳面料极其相似，这在国内已经断代近百年，国外却仍在生产。就在这机织罗上遇到技术瓶颈而一筹莫展时，他想起了人称“工商合作社师父”的远房亲戚郁石民，便拜他为师。李海龙怎么也没想到，与罗就此结下一辈子的缘分，为之一往情深地付出，最终彼此成就。

2003年，李海龙又创立了苏州圣龙丝织绣品有限公司。他从柴房里搬出祖传的木织机，看着身长6米、高3.6米、宽1.5米的庞然大物，不仅占地面积大，操作起来还需两人合作，于是产生研制织罗机器的想法，这也成了他数十年来孜孜以求的课题。如今，除一些高难度的织造结构继续沿用传统方式外，已实现机器提花的手工操作，而在电机操作绞经上，一部分罗的产品尚需半手工木质机织造，大部分的罗织物面料可以在自己创新研发的电动织机上批量生产了。

李海龙与每一台机器都有故事，每一次研制都倾注了汗水和心血。

第一代锦罗老木机，既能织锦又能织罗。笔者调研时正在机上织的面料要从《国家宝藏》说起。那是2019年1月，《国家宝藏》栏目向人们展现大唐盛世华丽衣冠服饰文化，“中国十佳设计师”之一、北京服装学院副教授楚艳成为新疆博物馆“绢衣彩绘木俑”之今生守护人。为了尽可能真实地还原历史，楚艳特邀苏州两位丝绸织造技艺大师参与研究、复原三尊人俑的唐代织锦、四经绞罗等面料，李海龙便是其中一位。一尊彩绘木俑身上所穿半臂唐锦就是机上织的，因其工艺、色彩和纹样的无比复杂，手艺娴熟的师傅一天最多织三四厘米。

第一、二代古漳缎罗绒织机，在2015年李海龙与苏州工商档案管理中心、苏州丝绸博物馆以及漳缎传承人王晨合作，破解漳缎祖本、复制生产中立了大功。这是一项极具挑战的任务，解密祖本之后，漳缎织造又是一大难题。李海龙查阅大量资料，并请来老技工助力，经过无数次的调试，终于完成挑花结本、上机织造、复原古漳缎、实现生产。其意义在于漳缎的生产有望产业化，这是苏州丝绸业的一件大喜事。

第三代妆花罗织机、四经绞罗织机，是李海龙研发的，不仅体积缩小一半，上面的人以“提花龙头”替代，一人便可独立完成操作。近年的热播剧如《延禧攻略》《那年花开月正圆》《清平乐》等，剧中主角身上华美的妆花罗衣，都出自这台机器。妆花罗，初看低调，再看奢华，倘若用心体会，即便是外行，仍然会感受到高雅的内涵和技艺的奇绝：在纯手工织造面料时，同步将多种彩色丝线通过提花方式，经过局部回纬挖织工艺，把丰富的五彩图案突显出来，形成一种似绣非绣、似锦非锦的特殊艺术效果。

有一件事很令李海龙骄傲，就跟妆花罗有关。2019年4月，在故宫博物院“宫囍·龙凤呈祥”文化项目中，台湾籍“中国十大服装设计师”之一的黄薇，邀请全国40位非遗传承人，依据其66套吉服设计稿，制作皇后大婚吉服。李海龙拿到设计稿，立刻想到用珍贵的妆花罗，可是要织出前片、后片和双肩袖造型各异的龙，难度可想而知，为了追求完美，常常夜不能寐。功夫不负有心人，当专家评委看到面料时，直呼惊艳，一个个被吴罗的魅力深深折服，不仅收获一致好评、推为第一，李海龙还被聘任为本款吉服的工艺指导。

第四代罗织机的研制成功，完成了机械化自动化的改造，实现了小批量、规模化、多品种、高质量、高产出，所织吴罗可用于衣服、鞋袜、丝巾等生活用品的开发，适应不同人群。每一次改良后织出来的面料李海龙第一个试穿，故而吴罗除保留原有的软、薄、密、细、爽等优良品质外，多了飘逸稳定、轻盈柔顺，少了人们印象中的娇气，耐摩擦、勾刮，彻底解决丝绸不能机洗的问题。不仅如此，他还将植物染运用到吴罗上，既是对当今丝绸面料染色的突破，又能让今人体验古人着装亲近自然的本真。

第五代罗织机以及耳杯菱形四经绞罗织机、绒锦罗织机尚在研制中，如果说前者是李海龙冲刺的科技高峰，那么后两者就是他攀登的艺术高峰。我们相信，凭着他追求艺术梦想的执着和那颗坚守传统文化不变的心，终究有解开古老密码的那一天。

罗织机上的提花经线

古漳缎罗绒织机

齐力投身“两

苏州市吴中区是吴文化的重要发祥地和核心区，也是太湖山水最美的地方。常言道，“天下工艺看苏州，苏作精华在吴中”。

在全国工艺美术11大类中，苏州市吴中区拥有10个大类，而且每个门类都有成就突出的工艺名家。近年来，吴中区传统工艺美术在继承和发展之中，又呈现出新的面貌，成为展现吴中软实力的重要组成部分。作品水准高、品种多，堪称苏州工艺的“百科全书”。

如何以高质量的发展推动吴中工艺的创造性转化、创新性发展，让吴中成为真正意义的苏作文化发祥地、苏作人才聚集地、文创企业集散地；如何凝聚全体文艺家和文艺工作者的智慧和力量，自觉投身到优秀传统文化的创新洪流，为书写“强富美高”新江苏的吴中篇章贡献力量呢？

吴中区文联根据中央和江苏省委、苏州市委、吴中区委宣传思想工作会议精神，及吴中区委四届十一次全体（扩大）会议、苏州市文联十一届四次全委会等会议明确的目标任务、部署要求，增强“四个意识”、坚定“四个自信”、做到“两个维护”，紧扣决胜全面建成小康社会的总体目标和区委“五优五美”决策部署，结合吴中文艺事业和文联工作实际，在2020年继续围绕“争做优等生，勇当排头兵，奋力绘就吴中文艺高质量发展最美画卷”这一时代赋予的使命，强化思想引领，守正创新，培根铸魂，进一步推动人才队伍培养、精品创作、品牌建设，满足人民群众美好生活新期待，为推动全区文艺事业、文化产业发展和当好新时代高质量发展“优等生”，绘就新时代最美太湖画卷，夺取疫情防控和经济社会发展双胜利贡献智慧和力量，奋力开启吴中文艺高质量发展走在时代最前列的新征程。

苏州市、吴中区、光福镇三级文联主席实地调研吴

“为吴中文艺高质量发展

情！”日前，吴中区文联发出致

和文艺工作者的倡议书，倡议书

吴中文艺高质量发展、打造可

的“吴中样本”，意义重大，任务

书号召广大吴中区文艺工作者

夯实基础”“投身‘两创’，推陈

产业，实绩说话”。

倡议书指出，创造和创

《延禧攻略》富察皇后戏服面料

一尊彩绘木俑身上所穿半臂唐锦面料

妆花罗工艺

植物染素罗汉服

复制故宫博物院乾隆

并涂金、后双面贴纸窗花、

李海龙沿袭了历史上如雷贯耳的“吴罗”作为品牌名称，因为他深知，只有根植太湖蚕桑文化，传承吴地丝绸文脉，才能走得更稳、更远。

都说吴地历来卧虎藏龙。的确，像李海龙这样的人物出现，绝非偶然，除自身努力外，还得益于吴地文化的造就和自然山水的滋养。光福古镇地处苏州郡西，自古以来湖山秀丽，风物清嘉，人文荟萃，手工独妙。即便在陆路不发达的过去，因依傍太湖而经济繁盛，良善的百姓依靠勤劳的双手、智慧的头脑自给自足，从而形成独特的太湖文化，其中的蚕桑风俗直接奠定了民间织造、刺绣等手工艺领先全国的基础。

苏州历来以种桑养蚕出名，唐代李白有“吴地桑叶绿，吴蚕已三眠”之句；南宋范成大有“今年幸甚蚕桑熟，留得黄丝织夏衣”之叹；元代赵孟頫《题耕织图》有“釜下烧桑柴，取茧投釜中。纤纤女儿手，抽丝疾如风”之咏；明代祝允明《暮春山行》有“吴中好风景，最好是农桑”之说。尤以太湖一带为盛，山民以蚕桑为务，女未及笄，即学习育蚕，清代徐乾学竹枝词描绘的就是光福蚕桑业的繁荣景象，写道：“采桑陌上看名姝，绿苑丹荑入画图。待得茧成春已去，切教珍重绣罗襦。”《光福志》卷一也说：“光福艺桑，随处皆植，蚕事又勤于他处。”桑叶可卖钱，又能供自家所需，栽桑、养蚕，被光福蚕农视为比种田好，一家生活得以保障，故将蚕视为珍宝，俗呼“蚕宝宝”，整个养蚕过程精心呵护，唯恐有所闪失，再苦再累也心甘情愿。

三、四月为蚕月，这期间多有禁忌，蚕户红纸粘门，或门悬桃树柳枝辟邪，邻里不相往来，陌生人更是忌入蚕室，蚕妇衣不解带，寸步不离。每逢清明节，民间艺人用稻草扎成马形，身披胄甲，骑在马上，扮做马明王菩萨，口中高喊：“蚕将军来哉！”手中敲打木鱼、小锣，串门走户，将红纸剪成的蚕猫送给养蚕人家，口中说唱吉利语，俗称“念佛句”。蚕农在蚕室内早早贴上蚕猫图，以防老鼠伤害幼小的蚕宝宝。自陌上桑柔，提篼采叶，

至村中

除。

3 ——吴中最好

走在时代最前列的新征程

绘就最美画卷

波

苏州市吴中区文联深入吴罗织造车间采访、体验

业发展的必由之路，也是满足人对美好生活向往的必然要求。人民、扎根生活，加强学习，拓宽要以吴地历史文化、江南特色为把“两创”精神贯穿于文艺创作生过程，不断放飞想象的翅膀，巧胸怀和创意，不断谋求观念和手容和形式的突破，“以别人之规自己之生面”，促进五个“深度融合”，推动吴中文艺的创造性转化和创新性发展。

“为火红年代编年、为干事创业鼓劲、为奋斗群像立传”，这是实现吴中文艺高质量发展、建设文化强区的必然要求。据了解，在今年的工作部署中，吴中区文联明确了几项重要指标：要有一批“传得开、留得下”、符合时代要求的精品力作；要有一批在全国全省有影响力的名家大师；要有一批在全国有影响力的文艺品牌；要有一批将优秀的文艺作品转化为先进生产力的现代文化企业；要有一批有信仰、有情怀、有担当的文艺工作者。吴中区文联鼓励文艺工作者奋力拓展国字品牌的内涵和外延，奋力拓展精品创作的方法和手段，奋力创造吴中特色的经验和样本。

为总结、梳理近年来吴中文艺发展的思路、经验、做法，树立“样本”意识，进一步提升吴中文艺在全国的知名度，挖掘自身优势，做好发展规划，做靓特色，吴中区文联精心组织文艺工作者实地调研走访，深挖吴中工艺的今昔面貌，潜心创作有思想、有温度、有品质的吴中工艺故事，以更具内涵、更富有传播力的吴地文化助力吴中文艺与文化产业的融合发展。

近期，吴中区文联与吴中区光福镇文联多次深入基层“五个一线”调研，走访了江苏省级非遗吴罗织造技艺（纱罗织造技艺）保护单位苏州圣龙丝织绣品有限公司，驻一线体验、到一线调研、听一线声音、交一线朋友、解一线难题，与中国社会科学院考古研究所文化遗产保护研究中心特约研究员、苏州市非遗吴罗织造技艺代表性传承人李海龙围绕“如何将中华优秀传统文化转化为先进生产力，推动创造性转化和创新性发展”这一方向，进行全方位深入交流和探索。

【产业篇】

②

——绿窗剪刀金两股，剪吴罗，对花舞

李海龙与时任北京故宫博物院院长单霁翔探讨“吴罗”作为非遗如何创新发展

我国罗的织造技艺历史悠久，大约6000年前已有原始起绞织物，出土的商代丝织物中可见罗的残片，战国楚墓中发现大量的花罗。秦汉时期的花罗已十分精美，如著名的长沙马王堆汉墓出土的耳杯菱形四经绞罗，这种织造技艺至今无人完全破解。唐宋时期，出现孔雀罗、菊花罗、瓜子罗、宝相花罗、满园春罗等名品。元代又有销金绫罗、金纱罗等加金罗织物。一些工艺复杂的品种，明清之后逐渐失传。

苏州是一座用丝织出来的锦绣富贵之城，约5000年前我们的先人已经掌握了养蚕抽丝的技艺。环太湖一带历来丝绸业发达，唯亭镇草鞋山、吴兴钱山漾和吴江梅堰，分别出土的罗纹织物、纺织原料和器具等，揭开了苏州古老丝绸文化的神秘面纱，诉说着灿烂夺目的吴地文明。

罗，是一种真丝绞经织物。古人云：“荷气吹凉到枕边，薄纱如雾亦如烟。”今人说：“不穿不知道，穿了脱不了。”随着经济发展、社会文明、百姓生活水平、文化素养、环保意识等不断提高，穿得好看、穿得健康，已成为一种返璞归真的生活态度。贴身穿罗衣虽然极其舒服，如若再注入保健的元素岂不是更完美？李海龙又与专业团队合作，开展了“负离子功能性纱罗织物研究”，2011年通过科技成果鉴定；“还原态多功能纱罗和仿伪纱罗商标织物”，2012年通过省级鉴定。这些成果既解决了织造上的难题，又把美丽舒适、健康养生、自然生态等理念融入产品中。鉴定会上，中国工程院院士姚穆激动地说，创新成果填补了国内空白，达到国际领先水平。并题辞：“奋勇创新，引领潮流。”

2013年3月12日，中国社科院考古研究所文化遗产保护研究中心与苏州圣龙丝织绣品有限公司联合成立的“中国古代锦罗织物实验考古研发中心”落户光福镇。以科研与生产相结合的方式，对考古发掘的纺织品、服装等进行研究保护、还原复制及市场推广，这意味着我国纺织考古事业进入一个实验考古学的新阶段。在揭牌仪式上，中国第一代纺织考古专家王亚蓉先生说：“复杂大花罗技艺的突破，就好像数学界突破了哥德巴赫猜想一样。”

2015年8月，苏州十位非遗传承人随陈嵘（时任苏州市文广新局党委书记、局长）“寻踪”故宫。那些难得一见的御用丝绸织物令李海龙怦然心动，大开眼界。当想到如此高超的织罗技艺濒临失传，有些甚至已断代数百年时，他暗下决心：“绝不能让这朵传统奇葩，消失于我们这一代。”

李海龙始终保持清醒的头脑，他认为把手艺做成产业，实现文艺与产业的融合发展，才有足够的实力和底气将手艺传承下去。为此他大胆改革家族企业体制，与广东宜安科技有限公司旗下的“佐云文化”携手，实行公司股份制，拓展文化产业化基地，优势互利。资金的注入，令“圣龙”活了起来。不久，“吴罗”将与“黎锦”合作，进入海南市场。

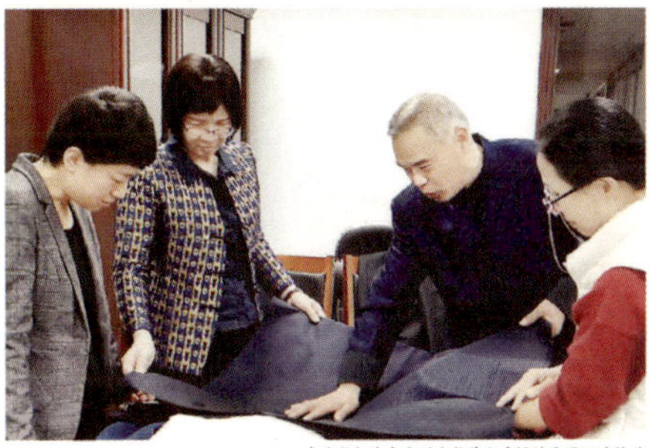

李海龙与海南省副省长蒋彩香探讨吴罗织造技艺以及与黎锦的合作事宜

李海龙和吴罗的精彩故事还有很多，比如最早为连战夫妇的“破冰之旅”提供花罗披肩作为礼品，当时被同行认为不可能完成的任务。先后与北京故宫博物院、中国社会科学院考古研究所、北京服装学院等合作，修复、复制文物，为敦煌壁画中的人物制作服饰、APEC会议的领导人服装等提供面料支持。还为北京奥运会、上海世博会、广州世界大学生运动会提供礼品等。一件件任务的出色完成，树立了吴罗品牌的良好口碑。水到渠成，一项项荣誉也接踵而来。苏州圣龙丝织绣品有限公司成为江苏省级非遗、吴罗织造技艺（纱罗织造技艺）保护单位；李海龙成为中国社会科学院考古研究所文化遗产保护研究中心特约研究员，苏州市非遗、吴罗织造技艺代表性传承人，江苏省高级工艺美术师、工艺美术名人，苏州市工艺美术大师，北京服装学院、华中科技大学校外导师等。

李海龙与中国第一代纺织考古专家王亚蓉先生在江西大墓考古现场

李海龙凡事敢为人先、躬行实践，并且竭尽全力做到极致，困难面前从不退缩，迎刃而解。用平凡打造不凡，一次次颠覆传统，完成创新性发展和创造性转化。在他身上我们读懂了何为匠人、何为匠心？正如他自己说的：“传承发扬祖宗好的技艺，并用科技的手段进一步提升产品质量，在此基础上研发新品，使传统的技艺更适应当今市场，贴近百姓生活。踏踏实实、精益求精把产品做好，就是合格的匠人，就是匠心的体现。”

非遗有产业做支撑，有科技做提升，才能留得下、传得开，传统手艺便有了经久不衰的先决条件。作为非遗传承人，罗的织造技艺传到李海龙已是第四代，吴罗也不再是简单的横罗、直罗或是素罗、花罗。他掌握了罗的6大类织造技艺、58个组织结构。可以说历史上曾经有过的罗，他基本都已掌握，仅剩3个品种尚未完全攻克。虽然外行难以理解，但是从他坚毅而又自信的神情中，已然分辨出这些数据的分量，着实令人咋舌，让人不由得感叹“高手自古在民间”。

】

“吴罗”菱形纹香云纱面料仿制的汉服

北京故宫博物院乾隆花园符望阁漆纱窗复制品

李海龙在故宫博物院“宫囍·龙凤呈祥”文化项目中，为皇后吉服提供的龙纹妆花罗面料

以“吴罗”为底，施以漆艺和纸彩绘制的传统工艺。

妆花罗图样

漳缎

】

得茧成春去绣罗襦

课桑图卷 汤禄名（清）

后诸禁解

“谷雨三朝蚕白头”，升火孵蚕，须日夜留神，至二眠出火。因温种繁殖难度大，蚕农往往于立夏后购买现成的三眠蚕，有谚说“立夏三朝开蚕党”，育蚕俗称蚕党。此刻桑叶必须备足，所以蚕农对植桑尤为重视，俗话说“栽上百年桑，勿怕成年荒”，并有许多相关的谚语。“小满三日见新茧”，蚕妇煮茧治车缫丝，昼夜操作。清代朱麟应竹枝词咏道：“银光雪色茧丝夸，小妇沿溪出浣纱。翻得人时花样巧，织云坊底独儿家。”茧丝既出，携至城中，卖与城隍庙前的收丝客。通常每年四月开始聚市，至晚蚕成而散市，称之卖新丝。由于太湖丝质地优良，广东、福建丝织业须用太湖丝为经或纬以提花，因此明清时期苏州丝业最为鼎盛，丝行营业兴旺。清代蔡云《吴歈百绝》就写道：“蚕家多半太湖滨，浮店收丝只趁新。城里哪知蚕妇苦，载钱眼热卖丝人。”

芒种之后，蚕茧收获，新丝出售，家里有了余钱，蚕农就要祭蚕山、祭马头娘了。苏人俗称的马头娘，即马头神，是我国流传最广的蚕神，也是传说中两位蚕神之一，另一位叫蚕丛。清代苏州的马头娘庙，也称蚕娘庙，光福与香山交界的和合山就有一座，每年的蚕时赛神，被蚕农视为极其隆重的日子，蚕妇个个盛装前往，临出门前还要再三照镜。正如清代廖文锦《香山杂咏》所说：“马头娘庙闹如何，料理香篮付阿婆。换好衣裳还对镜，再添一笔改双蛾。”

1928年，吴县建设局、吴县农民协会在光福迂里村成立养蚕指导所。1931年，吴县第三区蚕桑生产运销合作社联合会在光福迂里村永安桥西堍成立，这里是江苏省立女子蚕业学校种桑、育种、养蚕的基地之一。至今迂里仍保留“光福茧行”旧址，那是1937年私人开办，当年从上海购进的日本自动烘茧机，成为我国合作学社首个使用进口烘茧机的茧行，既解决了鲜茧的收购、烘贮，又改变了鲜茧历来由蚕农上土缫车缫土丝的做法，确保太湖丝的品质。当时，光福茧站共有四所，分布各处，1997年停止运营。

④【结 语】

李海龙在太湖蚕桑文化中汲取养料，得到启发。未来十年，他要在家乡打造一个非遗与文旅相融合的文化产业发展基地，建立一座再现太湖蚕桑文化和风土人情的生态课堂，使吴中手艺扎根发源地肥沃的土壤。另外，还将继续带着他的手艺走进全国各大高校，为非遗有序传承作出表率。

手工艺越传统越动人，传承从前，存活当下，走向未来，是非遗传承人的情怀担当。传统手艺是中华民族的瑰宝，是中国向世界展示华夏文明的载体，是我们与儿孙沟通的纽带，将在历史的长河里熠熠生辉。李海龙把曾经的皇家御用变成百姓身上衣，再织姑苏繁华吴罗梦，续写了丝绸之路今生的传奇！

本版部分图片由梁龙拍摄，资料图片由吴眉眉提供

奥运会、上海世博会、广州世界大学生运动会提供礼品等等。一件件出色地完成，树立了吴罗品牌的良好口碑。水到渠成，一项项荣誉也接踵而来，苏州圣龙丝织绣品有限公司成为江苏省级“非遗”、吴罗织造技艺(纱罗织造技艺)保护单位；李海龙成为中国社会科学院考古研究所文化遗产保护研究中心特约研究员，苏州市“非遗”（目前已是江苏省“非遗”）、吴罗织造技艺代表性传承人，江苏省高级工艺美术师、工艺美术名人，苏州市工艺美术大师，北京服装学院、华中科技大学校外导师等。

李海龙凡事敢为人先、躬行实践，并且竭尽全力做到极致，困难面前从不退缩，迎刃而解。用平凡打造不凡，一次次颠覆传统，完成创新性发展和创造性转化。在他身上我们读懂了何为匠人？何为匠心？正如他自己说的：“传承发扬祖宗好的技艺，并用科技的手段进一步提升产品质量，在此基础上研发新品，使传统的技艺更适应当今市场，贴近百姓生活。踏踏实实、精益求精把产品做好，就是合格的匠人，就是匠心的体现。”

“非遗”，有产业作支撑，有科技作提升，才能留得下、传得开，传统手艺便有了经久不衰的先决条件。作为“非遗”传承人，罗的织造技艺传到李海龙已是第四代，吴罗也不再是简单的横罗、直罗或是素罗、花罗。他掌握了罗的六大类织造技艺、五十八个组织结构。可以说历史上曾经有过的罗，他基本都已掌握，仅剩三个品种尚未完全攻克。虽然外行难以理解，但是从他坚毅而又自信的神情中，已然分辨出这些数据的分量，着实令人咂舌，不由得感叹，高手自古在民间。

风俗篇

吴中最好是农桑，待得茧成春去绣罗襦

李海龙沿袭了历史上如雷贯耳的“吴罗”作为品牌名称，因为他深知，只有根植太湖蚕桑文化，传承吴地丝绸文脉，才能走得更稳、更远。

都说吴地历来卧虎藏龙，的确，像李海龙这样的人物出现，绝非偶然，除自身努力外，还得益于吴地文化的造就和自然山水的滋养。光福古镇地处苏州郡西，自古以来湖山秀丽，风物清嘉，人文荟萃，手工独妙。即便在陆路不发达的过去，因依傍太湖而经济繁盛，良善的百姓，依靠勤劳的双手、智慧的头脑自给自足，从而形成独特的太湖文化，其中的蚕桑风俗，直接奠定了民间织造、刺绣等手工艺领先全国的基础。

苏州历来以种桑养蚕出名，唐代李白有“吴地桑叶绿，吴蚕已三眠”之句；南宋范成大有“今年幸甚蚕桑熟，留得黄丝织夏衣”之叹；元代赵孟頫《题耕织图》有“釜下烧桑柴，取茧投釜中。纤纤女儿手，抽丝快如风”之咏；明代祝允明《暮春山行》有“吴中好风景，最好是农桑”之说。尤以太湖一带为盛，山民以蚕桑为务，女未及笄，即学习育蚕，清代徐乾学竹枝词描绘的就是光福蚕桑业的繁荣景象，写道：“采桑陌上看名姝，绿苑丹荑入画图。待得茧成春已去，切教珍重绣罗襦。”清代徐傅编《光福志》卷一也说：“光福艺桑，随处皆植，蚕事又勤于他处。”桑叶可卖钱，又能供自家所需，栽桑、养蚕，被光福蚕农视为比种田好，一家生活得以保障，以故将蚕视为珍宝，俗呼“蚕宝宝”，整个养蚕过程精心呵护，唯恐有所闪失，再苦再累也心甘情愿。

3、4月为蚕月，这期间多有禁忌，蚕户红纸粘门，或门悬桃树柳枝辟邪，邻里不相往来，陌生人更是忌入蚕室，蚕妇衣不解带，寸步不离。每逢清明节，民间艺人用稻草扎成马形，身披胄甲，骑在马上，扮作马明王菩萨，口中高喊：“蚕将军来哉！”手中敲打木鱼、小锣，串门走户，将红纸剪成的蚕猫送给养蚕人家，口中说唱吉利语，俗称“念佛句”。蚕农在蚕室内早早贴上蚕猫图，以防老鼠伤害幼小的蚕宝宝。自陌上桑柔，提笼采叶，至村中茧煮，分箔缫丝，而后诸禁解除。

“谷雨三朝蚕白头”，升火孵蚕，须日夜留神，至二眠出火。因温种繁殖难度大，蚕农往往于立夏后购买现成的三眠蚕，有谚说“立夏三朝开蚕党”，育蚕俗称蚕党。此刻桑叶必须备足，所以蚕农对植桑尤为重视，俗话说“栽上百年桑，勿怕成年荒”，并有许多相关的谚语。“小满三日见新茧”，蚕妇煮茧治车缫丝，昼夜操作。清代朱麟应《竹枝词》咏道：“银光雪色茧丝夸，小妇沿溪出浣

纱。翻得入时花样巧，织云坊在独儿家。”茧丝既出，挎至城中，卖与城隍庙前的收丝客。通常每年4月开始聚市，至晚蚕成而散市，称之卖新丝。由于太湖丝质地优良，广东、福建丝织业须用太湖丝为经或纬以提花，因此明清时期苏州丝业最为鼎盛，丝行营业兴旺。蔡云《吴歈百绝》就写道：“蚕家多半太湖滨，浮店收丝只趁新。城里那知蚕妇苦，载钱眼热卖丝人。”

芒种之后，蚕茧收获，新丝出售，家里有了余钱，蚕农就要斋蚕山、祭马头娘了。苏人俗称的马头娘，即马头神，是我国流传最广的蚕神，也是传说中两位蚕神之一，另一位叫蚕丛。清代苏州的马头娘庙，也称蚕娘庙，光福与香山交界的和合山就有一座，每年的蚕时赛神，被蚕农视为极其隆重的日子，蚕妇个个盛装前往，临出门前还要再三照镜。正如廖文锦《香山杂咏》所说：“马头娘庙闹如何，料理香篮付阿婆。换好衣裳还对镜，再添一笔改双蛾。”

1928年，吴县建设局、吴县农民协会在光福迂里村成立养蚕指导所。1931年，吴县第三区蚕桑生产运销合作社联合会在光福迂里村永安桥西堍成立，这里是江苏省省立女子蚕业学校种桑、育种、养蚕的基地之一。至今迂里仍保留“光福茧行”旧址，那是1937年私人开办，当年从上海购进的日本自动烘茧机，成为我国合作学社首个使用进口烘茧机的茧行，既解决了鲜茧的收购、烘贮，又改变了鲜茧历来由蚕农上土缫车缫土丝的做法，确保太湖丝的品质。当时，光福茧站共有四所，分布各处，1997年停止运营。

李海龙在太湖蚕桑文化中汲取养料，得到启发。未来十年，他要在家乡打造一个“非遗”与“文旅”相融合的文化产业发展基地，建立一座再现太湖蚕桑文化和风土人情的生态课堂，使吴中手艺扎根发源地肥沃的土壤。另外，还将继续带着他的手艺走进全国各大高校，为“非遗”有序传承作出表率。

手工艺越传统越动人，传承从前，存活当下，走向未来，是“非遗”传承人的情怀担当。传统手艺是中华民族的瑰宝，是中国向世界展示华夏文明的载体，是我们与儿孙沟通的纽带，将在历史的长河里熠熠生辉。李海龙把曾经的皇家御用变成百姓身上衣，再织姑苏繁华“吴罗”梦，续写了丝绸之路今生的传奇！

吴眉眉

（本文刊登于2020年6月5日《中国艺术报》）

附录四

主要参考书目

《吴郡志》,[宋]范成大撰,江苏古籍出版社,1999年版。

《吴邑志》,[明]杨循吉纂,广陵书社,2006年3月版。

《太湖备考》,[清]金友理撰,江苏古籍出版社1998年版。《文渊阁四库全书》(检索版),上海人民出版社,1999年版。

《中国美术分类全集》之《中国织绣服饰全集》第三、四卷《历代服饰卷》(上、下卷),本卷高春明、刘正、袁杰英主编,2004年12月版。《长江流域古代美术》史前至东汉·陶器与陶塑,张正明、邵学海主编,湖北教育出版社,2002年9月版。

《海外藏中国历代名画》,总主编林树中,副总主编彭本人,湖南美术出版社,1998年12月版。

《中国丝绸科技艺术七千年:历代织绣珍品研究》,黄能馥、陈娟娟著,中国纺织出版社,2002年12月版。

《中国传统工艺全集·丝绸织染》,总主编路甬祥,本卷主编钱小萍,大象出版社,2005年4月版。

《苏州丝绸百年纹样》,苏州市文化广电新闻出版局、苏州丝绸博物馆编著,山东出版集团、山东画报出版社,2010年12月版。

《江苏丝绸史》,罗永平著,南京大学出版社,2015年7月版。

《马王堆汉墓服饰研究》,陈建明主编,王树金著,中华书局,2018年5月版。